普通高等院校风景园林专业"十二五"规划精品教材

# 现代景观建筑设计

## Modern Landscape Architectural Design
（第二版）

**丛书审定委员会**

何镜堂　仲德崑　张　颀　李保峰

赵万民　李书才　韩冬青　张军民

魏春雨　徐　雷　宋　昆

**本书主审**　朱雪梅

**本书主编**　黄华明

**本书副主编**　王　萍

**本书编写委员会**

黄华明　王　萍　刘　怿　朱　凯　刘婷婷

华中科技大学出版社

中国·武汉

图书在版编目(CIP)数据

现代景观建筑设计(第二版)/黄华明 主编．—武汉：华中科技大学出版社，2012年8月（2025.7重印）
ISBN 978-7-5609-4611-5

Ⅰ．现… Ⅱ．黄… Ⅲ．景观-园林设计 Ⅳ．TU986.2

中国版本图书馆CIP数据核字(2008)第086523号

---

**现代景观建筑设计**(第二版) 　　　　　　　　　　　　　　　　　　　　　黄华明　主编

责任编辑：简晓思
封面设计：潘　群
责任校对：何　欢
责任监印：张贵君
出版发行：华中科技大学出版社(中国·武汉)　　　　电话：(027)81321913
　　　　　武汉市东湖新技术开发区华工科技园　　　　邮编：430223
录　　排：武汉楚海文化传播有限公司
印　　刷：河北虎彩印刷有限公司
开　　本：850mm×1065mm　1/16
印　　张：15　插页：8
字　　数：327千字
版　　次：2025年7月第2版第11次印刷
定　　价：49.80元

本书若有印装质量问题，请向出版社营销中心调换
全国免费服务热线：400-6679-118　　竭诚为您服务
版权所有　侵权必究

# 内 容 提 要

本书对现代景观建筑设计所包含的内容进行了较为全面的叙述和介绍。

全书共分为七个部分。绪论部分详细介绍了现代景观建筑设计的概念、现代景观建筑开发建设中出现的问题、目前的体制现状、发展趋势及现代景观建筑的历史沿革。第一章为现代景观建筑与环境;第二章为现代景观建筑的设计方法和技巧;第三章为现代景观建筑设计的表现形式,本章是为了给设计者在设计之余能有一个统一的作图规范而编写的;第四章为现代景观建筑的用材与构造,本章内容比较注重实践;第五章为实用性现代景观建筑设计,本章结合培养学生的创新能力,重点论述了实用性现代景观建筑设计的新思路;第六章为现代景观建筑小品设计。

本书文字简明扼要、事例具体、资料丰富、图文并茂、理论结合实际、所有章节不仅附有彩图及照片,而且每一章最后均设有与该章内容相关的成果事例和课题设计,对现代景观建筑设计理论研究和具体设计都有启迪作用。本书可作为本科及大专院校景观设计专业的教材,以及城市规划、建筑学、园林设计、环境艺术设计、室内设计、建筑装饰等专业的师生和设计人员的参考书。

普通高等院校风景园林专业"十二五"规划精品教材

# 总　　序

《管子》一书《权修》篇中有这样一段话："一年之计，莫如树谷；十年之计，莫如树木；百年之计，莫如树人。一树一获者，谷也；一树十获者，木也；一树百获者，人也。"这是管仲为富国强兵而重视培养人才的名言。

"十年树木，百年树人"即源于此。它的意思是说培养人才是国家的百年大计，既十分重要，又不是短期内可以奏效的事。"百年树人"并不是非得一百年才能培养出人才，而是比喻培养人才的远大意义，要重视这方面的工作，并且要预先规划，长期、不间断地进行。

当前我国建筑业发展形势迅猛，急缺大量的应用型人才。全国各地建筑类学校以及设有风景园林专业的学校众多，但能够做到既符合当前改革形势又适用于目前教学形式的优秀教材却很少。针对这种现状，急需推出一系列切合当前教育改革需要的高质量优秀专业教材，以推动应用型本科教育办学体制和运作机制的改革，提高教育的整体水平，并且有助于加快改进应用型本科办学模式、课程体系和教学方法，形成具有多元化特色的教育体系。

这套系列教材整体导向正确，科学精练，编排合理，指导性、学术性、实用性和可读性强。符合学校、学科的课程设置要求。以建筑学科专业指导委员会的专业培养目标为依据，注重教材的科学性、实用性、普适性，尽量满足同类专业院校的需求。教材内容大力补充新知识、新技能、新工艺、新成果。注意理论教学与实践教学的搭配比例，结合目前教学课时减少的趋势适当调整了篇幅。根据教学大纲、学时、教学内容的要求，突出重点、难点，体现建设"立体化"精品教材的宗旨。

以发展社会主义教育事业，振兴建筑类高等院校教育教学改革，促进建筑类高校教育教学质量的提高为己任，为发展我国高等建筑教育的理论、思想，对办学方针、体制，教育教学内容改革等进行了广泛深入的探讨，以提出新的理论、观点和主张。希望这套教材能够真实的体现我们的初衷，真正能够成为精品教材，受到大家的认可。

中国工程院院士：

2007 年 5 月于北京

# 再版前言

《现代景观建筑设计》作为一本面向建筑学、城市规划、室内设计、环境艺术设计及相关专业本科生的教材，自2008年7月出版以来，已在多所高等院校使用，并受到广大师生的好评与欢迎。2011年5月，《现代景观建筑设计》教材改革的理论与实践研究，获广东工业大学第七次教学成果奖二等奖。

随着现代景观建筑学科的发展，特别是景观建筑学原理与理论在建筑环境空间领域越来越广泛的应用，高等院校的学生对现代景观建筑设计实践有了新的需求，选用本教材的校内外师生在基本认可其内容和形式的同时，也给编者提出了可贵的反馈意见。因此，我们根据学科发展，并针对培养对象，对本教材进行了修订。

第二版教材是在第一版教材的基本框架和基本内容的基础上进行修订的。本次修订除全面校正初版中的印刷差错、叙述欠妥之处外，编者一致认为，本书的突出之处在于"实践"二字。本书本着巩固、完善和提高的修订原则，力图在强调基本原理与基础理论的同时，反映现代景观建筑设计方法与技巧的科学性与先进性。本次修订进行了大量的图片更新和局部的内容完善，以体现新形势下现代景观建筑设计不断发展的趋势。

全书仍分为七个部分，编者均为广东工业大学艺术设计学院的教师。绪论、第一章由黄华明、刘怿修正，第二章、第四章由王萍修正，第三章由刘婷婷修正，第五章、第六章由朱凯修正。全书由黄华明负责审定，由广东工业大学建筑与城市规划学院朱雪梅负责审核工作。

虽然编者在本次修订过程中力求严谨和正确，但限于学识水平与能力，书中不足之处在所难免，殷切希望读者批评指正。同时，对在修订工作中给予大力支持的编委会的各位专家表示深深的谢意。

黄华明

2012年5月

# 前　　言

本教材在综合园林设计和园林建筑设计的基础上，为适应新时期环境艺术设计教育的需要，结合建筑学、城市规划学、环境艺术设计等相关专业及学科发展的研究方向，精心编写而成。

由于现代景观建筑设计的实践性较强，因此，本教材将通过对一些具有代表性的完整事例的剖析，把原理和理论贯穿到实践应用中，使读者真正理解现代景观建筑设计的内涵。同时，考虑到现代景观建筑设计同样需要功能、技术、艺术等方面的知识作为支撑，本教材也将对现代景观建筑的结构、材料、施工工艺、设计表现等问题进行讨论，并针对读者大多是文史艺术类专业学生的特点，增加了有关工学知识的部分。编写本教材的总体原则是：在环境艺术设计教育中探索一种既符合专业设计要求，又不失传统特色的现代景观建筑设计的理论与原理，并介绍在新的形势下现代景观建筑设计的方法和技巧。在学时上，控制在96学时左右。

本教材在每一章最后都配有难易适度并与课程内容相符合的课题设计，在课题的结构设计上层层递进，系统而有序地巩固和检验读者对书本中原理及理论知识的学习成果，可以对高校的教学工作和学生的自学起到一定的辅助作用。

本教材共分为七个部分，编者均为广东工业大学艺术设计学院的教师。绪论、第一章由黄华明、刘怿编写，第二章、第四章由王萍编写，第三章由刘婷婷编写，第五章、第六章由朱凯编写。全书由黄华明负责统稿、定稿，由广东工业大学建设学院朱雪梅负责审核工作。

本教材适合普通高校的建筑学、城市规划、室内设计、环境艺术设计等专业的本科学生使用，也可作为相关专业及科技人员的参考用书。

在编写过程中，编者力求使本教材能体现出当前景观建筑设计的发展水平，同时又易于学生理解和接受。由于编者水平所限，书中难免有不妥之处，希望专家、读者在使用中不断提出宝贵意见。同时，对在编写中给予大力支持的此书编委会的各位专家表示谢意。

编　者
2008年2月

# 目　　录

**0　绪论** ……………………………………………………………………… (1)
　0.1　中西古典园林建筑及现代景观建筑 ………………………………… (1)
　0.2　现代景观建筑设计的概念 …………………………………………… (18)
　0.3　现代景观建筑开发建设中的问题 …………………………………… (20)
　0.4　现代景观建筑设计体制的现状 ……………………………………… (22)
　0.5　现代景观建筑设计的发展趋势 ……………………………………… (23)
　0.6　现代景观建筑设计的成果事例一 …………………………………… (29)
　0.7　课题设计 ………………………………………………………………… (29)

**1　现代景观建筑与环境** ……………………………………………………… (30)
　1.1　现代景观建筑设计与相近学科之间的关系 ………………………… (30)
　1.2　现代景观建筑设计在环境艺术设计中的地位 ……………………… (33)
　1.3　现代景观建筑的内容 …………………………………………………… (36)
　1.4　现代景观建筑设计的一般程序 ……………………………………… (39)
　1.5　现代景观建筑设计的成果事例二 …………………………………… (47)
　1.6　课题设计 ………………………………………………………………… (48)

**2　现代景观建筑的设计方法和技巧** ………………………………………… (49)
　2.1　现代景观建筑的设计方法 …………………………………………… (49)
　2.2　现代景观建筑的设计技巧 …………………………………………… (66)
　2.3　现代景观建筑设计的成果事例三 …………………………………… (73)
　2.4　课题设计 ………………………………………………………………… (73)

**3　现代景观建筑设计的表现形式** …………………………………………… (74)
　3.1　现代景观建筑设计的制图基础 ……………………………………… (74)
　3.2　现代景观建筑设计的设计形式表现 ………………………………… (88)
　3.3　现代景观建筑设计的成果事例四 …………………………………… (106)
　3.4　课题设计 ………………………………………………………………… (106)

**4　现代景观建筑的用材与构造** ……………………………………………… (108)
　4.1　现代景观建筑的用材 …………………………………………………… (108)
　4.2　现代景观建筑的构造 …………………………………………………… (125)
　4.3　现代景观建筑设计的成果事例五 …………………………………… (130)
　4.4　课题设计 ………………………………………………………………… (131)

**5 实用性现代景观建筑设计** …………………………………………………… (132)
    5.1  实用性现代景观建筑的分类及特点 ……………………………………… (132)
    5.2  实用性现代景观建筑的设计要点 ………………………………………… (136)
    5.3  实用性现代景观建筑设计的新思路 ……………………………………… (179)
    5.4  实用性现代景观建筑设计的成果事例 …………………………………… (188)
    5.5  课题设计 …………………………………………………………………… (188)
**6 现代景观建筑小品设计** ……………………………………………………… (190)
    6.1  概述 ………………………………………………………………………… (190)
    6.2  现代景观建筑小品在环境设计中的意义 ………………………………… (191)
    6.3  现代景观建筑小品的分类及特点 ………………………………………… (194)
    6.4  现代景观建筑小品设计的要点 …………………………………………… (196)
    6.5  现代景观建筑小品设计的新思路 ………………………………………… (218)
    6.6  现代景观建筑小品设计的成果事例 ……………………………………… (227)
    6.7  课题设计 …………………………………………………………………… (227)
**参考文献** ………………………………………………………………………… (229)
**附录** ……………………………………………………………………………… (233)

# 0 绪 论

## 0.1 中西古典园林建筑及现代景观建筑

### 0.1.1 世界古典园林建筑的风格及历史衍变

景观建筑的历史可谓源远悠长,从数千年前南美洲纳斯卡平原上的大型地画到英国的巨石圈,从玛雅文明的神庙到法国的巨石阵,无不渗透出远古以来人类与自然界锲而不舍的精神沟通。正是由于景观建筑是人类精神活动的产物,因此,任何一次人类文明的出现,都会带动景观建筑的发展,创造出丰富多彩的建筑类型。

初期的景观建筑是在人类早期的三种文明中得到孕育和发展的。

**1. 以大河流域为主要地理特征的阿拉伯文明**

公元前 19 世纪苏穆阿布姆建立了古巴比伦王国。到公元 7 世纪初,穆罕默德建立了伊斯兰教,对阿拉伯半岛的统一起到了促进作用。统一后的阿拉伯统治者不断扩张,至公元 8 世纪建立起了横跨亚、非、欧三洲的阿拉伯帝国。由于公元 7 世纪阿拉伯灭亡了波斯,因此,波斯极具生命力的文化对阿拉伯产生了相当大的影响,主要体现在阿拉伯早期的景观建筑上。其与庭园艺术都是相伴相生的,它沿袭了波斯的矩形小庭园格局,两条道路十字交叉,将方正的庭园分为四个部分,在交叉点上做浅水池或安置凉亭,这就形成了早期阿拉伯的景观建筑风格(见图 0-1)。其后,阿拉伯人先后攻占了西班牙和印度的部分地区,从而又吸收了该地区一些建筑风格的精华,

**图 0-1 制于地毯上的波斯庭园**

产生了西班牙的富有东方情趣的阿拉伯式庭园,以及印度的伊斯兰式庭园文化,但其间的凉亭、花廊等景观建筑依然带有浓郁的波斯文化风格(见图0-2、图0-3)。

图 0-2 西班牙阿尔罕布拉宫的狮子院

图 0-3 印度泰姬陵

### 2. 以海洋为中心的希腊文明

以克里特岛和迈锡尼为代表的爱琴文明是希腊文明的先河,他们在蓝天碧海间创造了一种幽雅宁静、赏心悦目的地中海建筑风格。随后发展的希腊文化将这种风格广为传播,对欧洲乃至世界建筑都产生了深远的影响。早在公元前4世纪,在希腊雅典就出现了以奖杯亭为代表的集中式纪念性景观建筑。公元138年,在罗马的哈德良离宫中也出现了以罗马柱花为构图手法来表现帝国文化的圆亭,它的主要用途是作为游戏、宴会、休闲等功能的空间(见图0-4)。其后在西欧中世纪的城堡果园中又产生了新的景观建筑类型——游廊(见图0-5),其上布满了常青藤和玫瑰,可供游人乘凉、休息之用。

图 0-4 仿古的现代圆亭

图 0-5 仿古的现代圆亭、游廊

公元14世纪,在意大利兴起的文艺复兴对荷兰、德国、英国、法国都产生了相当大的影响。作为一次文明浪潮的冲击,它同样也带动了景观建筑的发展,产生了许多造型新颖、别具创意的庭园景观建筑。意大利富有特色的台地园带动整个欧洲园林的发展。其特点是利用坡地造成不同高度的台地,并将这些不同标高的台地通过植物、喷泉、雕塑、亭台或者建筑等形式联系成一个整体。而在英国,其上流社会讲究绅士风度、附庸风雅,因而在庭园及景观建筑的建设上也别具一格(见图0-6)。即使是今天,英国仍有相当多不同凡响的景观建筑(见图0-7)。

图0-6 意大利文艺复兴时期的格尔佐尼别墅园

图0-7 英国利物浦的波维斯城堡园

同时,以基督教为核心的地中海文明同样创造了许多优秀的宗教建筑,如德国的科隆教堂以及意大利佛罗伦萨的哥特式大教堂(见图0-8、图0-9)。这些宗教建筑始终是引领人们精神世界的标志,也成为城市中不可或缺的重要人文景观。

图0-8 德国科隆教堂

图0-9 佛罗伦萨哥特大教堂穹顶

### 3. 以中国为代表的内陆式东亚文明

东亚文明历史悠久,仅造园史的文献记载就有3000年之久。它创造出种类繁多的园林建筑,其中包括亭、台、楼、阁、廊、舫、轩、榭等。中国的古典园林艺术对周边国家,如日本、朝鲜、越南、泰国、马来西亚等国也产生了相当大的影响。此外,这种以佛教为宗教核心的文明同样也创造了很多优秀的宗教建筑,无论是在城镇乡村还是在深山幽谷都起到了点缀环境的作用(见图 0-10、图 0-11)。

图 0-10　日本姬路城天守阁

图 0-11　大理千寻塔

## 0.1.2　中国古典园林建筑的风格及历史衍变

在漫长的人类历史发展过程中,勤劳智慧的中华民族不仅创造了巨大的物质财富,也创造了灿烂的文化财富。其中,中国园林,既是作为一种物质财富以满足人们的生活要求,又是作为一种艺术综合体来满足人们精神上的需要。它把建筑、山水、植物融合为一个整体,在有限的空间范围内,利用自然条件模拟大自然中的美景,经过人为的加工、提炼和创造,把自然美与人工美在新的基础上统一起来,形成赏心悦目、层次丰富,"可望、可行、可游、可居"的幽美环境。

园林建筑在中国园林中是一个重要的组成要素,它除了满足游人遮阴避雨、驻足休息、林泉起居等多方面的实用要求外,还总是与山池、花木密切结合,组成风景画面,并且在园林景象构图中起着重要的作用。经过长期的探索与创作,中国园林建筑无论在单体设计、群体组合、总体布局、建筑类型,还是在与园林环境的结合等各方面,都形成了一套相当完整的成熟体系,积累了丰富经验。中国园林作为世界园林中一个独立的园林体系而享有盛名,而其中的园林建筑也绽放着人类文明的独特光彩。

**1. 商、周时代的苑囿**

由于游憩性质的景域园林的建造需要付出相当大的人力、物力,因此只有生产力发展到一定水平,才有可能建造以游息生活为主要目的的园林。商是我国形成国家政权机构最早的一个朝代,在那时的象形文字——甲骨文中,已有宫、室、宅、囿等字眼。其中"囿"是从天然地域中截取一块用地,在内挖池筑台、狩猎游乐,是最古老、朴素的园林形态。从周初到东汉(约公元前 11 世纪至公元 3 世纪),最早有文字记载的造园活动是周文王造灵台,"灵台"即帝王游玩的场所,也就是"囿"的典型代表。

**2. 秦汉时期的园林**

公元前 221 年,秦始皇灭六国,完成了统一中国的大业,建都咸阳。他集全国的物力、财力、人力,按照各诸侯国的建筑式样建都于咸阳北陵之上,殿屋复进、周阁相属,形成规模宏大的宫苑建筑群。这种建筑风格与建筑技术的交流促使了建筑艺术水平的空前提高。在渭河南岸建造的上林苑,苑中以阿房宫为中心,周围设有许多离宫别馆,还在咸阳"作长池,引渭水,……筑土为蓬莱山",把人工堆山引入园林环境中,且内中景物无奇不有,供帝王贵族们享乐。

汉武帝建元二年(公元前139年)开始修复和扩建秦时的上林苑。"广长三百里"是形容其为规模极为宏大的皇家园林的。苑中有苑、宫、观,其中还挖掘了许多池沼、河流,种植了各种奇花异木,豢养了珍禽奇兽供帝王观赏与狩猎,殿、堂、楼、阁、亭、廊、台、榭等园林建筑的各种基本类型都已初具雏形。建章宫在汉长安西郊(见图0-12),是个苑囿性质的离宫,其中除了各式楼台建筑外,还有河流、山冈和宽阔的太液池,池中筑有蓬莱、方丈、瀛洲三岛。这种模拟海上神仙境界,在池中置岛的方法逐渐成为我国园林理水的基本模式之一,同时也对日本的园林产生过很大的影响。

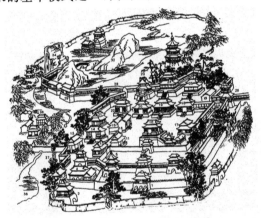

**图 0-12 汉长安建章宫**

汉代后期,官僚、地主、富商营造的私家园林也开始发展起来,并开始形成以自然山水配合花木、房屋的风景式园林的造园风格。其中的园林建筑为达到更好的游憩和观赏的效果,在布局上已不拘泥于整齐对称,开始出现错落变化、依势随形而筑的格局。在建筑造型上,汉代由木构架形成的屋顶已具有庑殿、悬山、囤顶、攒尖和歇山五种基本形式,同时还出现了重檐屋顶。

**3. 魏、晋、南北朝时期的园林**

魏、晋、南北朝是分裂战乱的时代,然而也是中国历史上思想领域比较自由、解放,富于智慧,富有艺术创造精神的一个时代。在这360年(公元229—公元581年)里,社会动荡、黑暗,许多文人雅士对此不满,于是就在名山大川中寻求寄托,把兴趣转向自然景物,发现并陶醉于自然世界的美景之中,同时,山水游记也作为一种文学形式逐渐兴起。文学艺术对自然山水美的探求,促使园林艺术形式发生了转变。这一时期的园林建筑更注重对池山形态的表述。

首先,官僚士大夫们的审美意识和美的理想开始转向自然风景、山水花鸟的世界。自然山水成了与他们在现实生活中居住、休息、游玩、观赏等活动亲切依存的体形环境。士大夫们祈求保持并固定既得的利益,把自己的庄园理想化、牧歌化,由此私家园林开始兴盛、发展起来。他们隐逸野居,陶醉于山林田园,选择自然风景优美的地段,模拟自然景色开池筑山、建造园林。如北魏张伦的华林园,建于北魏洛阳城的里坊内,其中山池极为华美,园中筑景阳山,"有若自然,其中重岩复岭,嶔崟相属,深蹊洞壑,逦递连接"(杨炫之《洛阳伽蓝记》)(见图0-13)。

其次,寺庙园林作为园林的一种独立类型开始出现。由于政治动荡、战争频繁、百姓生活痛苦,因此,自东汉初由印度经西域传入我国的佛教得以广为流传,佛寺广为兴建,"南朝四百八十寺,多少楼台烟雨中"就是当时的一个写照。佛教一经传入我国,便很快为中国文化所接纳、改造并逐渐被"中国化"了。由于最初的佛寺是按中国官署的建筑布局与结构方式建造的,因此,虽然其是宗教建筑,却不具有印度佛教的崇拜象征——萃堵坡的瓶状塔体,或者是中世纪哥特教堂的神秘感。它是能够为中国人的传统审美观念所接受的,是与中国人的正常生活有联系的、世俗化的建筑物(见图0-14)。

图 0-13　兰亭与"流觞曲水"　　　　　图 0-14　北魏嵩岳寺塔

魏晋南北朝不仅是中国古代社会发展历史上的一个重大转折点,也是中国园林艺术发展史上的一个转折点。私家园林的发展,寺庙园林的兴起,使园林规划由粗放走向精致,由人为地截取自然的一个片断到有意识地在有限空间范围内概括、再现自然山水的美景,这些都标志着园林创作思想的转变。

**4. 隋代的园林**

隋代结束了南北朝的分裂局面,从公元6世纪到10世纪的隋唐王朝是我国封建社会统一大帝国的黄金时期。在这样的政治、经济和文化背景下,园林的发展相应地进入了一个全盛时期。

隋炀帝在洛阳兴建的别苑中,以西苑最为宏丽。《大业杂记》上说:"苑内造山为海,周十余里,水深数丈……上有道真观、集灵台、总仙宫,分在诸山。风亭月观,皆以机成,或起或灭,若有神变,海北有龙鳞渠。屈曲周绕十六院入海。"可以看出,西苑是以大的湖面为中心,湖中仍沿袭汉代的海上神山布局。湖北以曲折的水渠环绕并分割了各有特色的十六个小院,成为苑中之园。"其中有逍遥亭,四面合成,结构之丽,冠于今古"。这种在园中分成各个景区,建筑按景区形成独立的组团,组团之间以绿化及水面间隔的设计手法,已具有中国大型皇家园林布局基本构图的雏形。

**5. 唐朝的园林**

唐是汉以后又一个兴盛的朝代,它揭开了我国古代历史上最为灿烂夺目的篇章。历经百余年比较安定的政治局面和丰裕的经济生活,唐代社会已经呈现出"太平盛世"的景象,经济的昌盛促进了文学艺术的繁荣,加上中外文化、艺术的交流,促使很多传统被打破,在引进、汲取、创造中产生了文艺上所谓的"盛唐之音"。唐代的园林文化更注重汲取前代的营养,且根植于现实的土壤,因而得到茁壮成长,开放出夺目的奇葩。这个时期的园林已不是单纯模仿自然,而是开始注重园林本身的形式了。又因当时山水、田园文学的发展,所以园林也渐渐注重诗情画意的营造,形式上既有自然山水园林(如王维的辋川别业),又有城市园林(如李德裕的平泉别墅)。

盛唐诗人、画家王维在蓝田县天然胜区,利用自然景物,略施建筑点缀而创作出了辋川别业,形成既富有自然之趣又有诗情画意的自然园林(见图0-15)。

**图0-15 辋川别业**

长安东南隅的曲江则是利用低洼地疏凿,扩展成一块公共风景游览地带,其中点缀有亭、廊、台、榭、楼、阁,可供居民前来休息观赏,这是最早的城内公共绿地建设(见图0-16)。

**图0-16 现今长安八景之一——曲江池**

唐代的华清宫，位于临潼县骊山北麓，距今日的西安约20公里，它以骊山脚下涌出的温泉作为建园的有利条件。据史料记载，秦始皇时期已在此地建离宫，起名"骊山汤"，唐贞观十年（公元644年）又加以营建，名为"温泉宫"，天宝六年（公元747年），定名"华清宫"（见图0-17）。华清宫布局是以温泉之水为池，环山列宫室，形成一个宫城。建筑随山势之高低而错落修筑，山水结合，宫苑结合，类似清代离宫型皇家园林。

图0-17　唐华清宫遗址

唐朝，佛教得到进一步的发展而达到极盛时代。这个时期修建了大量的寺塔和石窟，出现了佛教的"四大名山"，即四川的峨眉山、山西的五台山、浙江的普陀山和安徽的九华山；以及佛门的"四绝"，即台州（天台）国清寺、齐州（长清）灵岩寺、润州（镇江）栖霞寺和荆州（江陵）玉泉寺。这说明唐代佛寺的兴建重点已转向自然风景区。与此同时，形成于东汉末年的道教，在盛唐时代再次兴起，武宗会昌元年（公元841年）行破佛令，道教兴盛，达到高潮。道观通常建于地理环境优美或地势险要之地，用以象征仙境。留存至今的著名道教宫观有：泰山玉皇庙、碧霞祠，衡山南岳庙，华山真武宫，嵩山中岳庙，恒山北岳庙，武当山紫霄宫，青城山上清宫、真武宫，太原晋祠，杭州玉皇山福兴观等，其中多数与佛教圣地相结合（见图0-18～图0-21）。

图0-18　泰山玉皇庙

图0-19　衡山南岳庙

图 0-20　恒山北岳庙

图 0-21　武当山紫霄宫

**6. 宋朝的园林**

中国的历史在经历了唐朝的统一之后进入了五代十国的战乱,北宋与辽,南宋与金、元对峙的时期。这一时期造园之风大盛,不但有大型苑囿,更有无数的中小型园林。人们不但造园,而且有人专门从事园林研究。五代时期山水文学的勃兴也有助于园林艺术的发展,如《花间集》中所描述的许多景观已是典型的园林形象了。

到了北宋,其都城"东京"(今河南开封)位于黄河中游的大平原上,正处于大运河的中枢位置。自隋朝开凿运河以后,沟通了黄河流域与江淮之间的联系,因此,水陆交通便利,工商业发达,城市建筑大为发展,造园之风也很兴盛。供皇帝游乐的御苑最著名的有艮岳和金明池等。大臣士大夫的私园、茶馆酒楼的附园,以及寺庙园林为数也很多。这些从宋代画作《金明池夺标图》《清明上河图》中都可以获得一些形象的了解。

京城的艮岳位于宫城外,内城的东北隅,是一座大型的皇家园林。方圆十多里,"冈连阜属,东西相望,前后相续,左山而右水,后溪而旁陇,连绵而弥满,吞山怀谷,其东则高峰峙立,其下则植梅以万数,绿萼承跗,芬芳馥郁。结构山根,号绿萼华堂,又旁有承岚昆云之亭。有屋内方外圆如半月,是名书馆。……八仙馆……揽秀之轩,龙吟之堂"(宋徽宗《御制艮岳记》)(见图0-22)。由此可以看出,艮岳在造园上的一些新特点:首先,把人们主观上的感情、对自然美的认识及追求自觉地移入了园林创作之中,它已不像汉唐时那样截取优美自然环境中的一个片断、一个领域,而是运用造园的种种手段,在有限的空间范围内表达出深邃的意境,把主观因素纳入艺术创作。其次,艮岳在创造以山水为主体的自然风致园林景观效果方面,手法灵活多样。艮岳本来地势低洼,但可以通过筑山的方法建造景观,如余杭之凤凰山,依山势主从配列,并"增筑岗阜"形成幽深的峪壑,还运用大量从南方运来的太湖石"花石桩砌",又"引江水""凿池沼",再形成"沼中有洲、洲上置亭",并把池水"流注山间"造成曲折的水网、涧溪、河汉。艮岳在掇山理水上所取得的成就,是我国园林艺术发展到一个新高度的重要标志,对后来的园林设计产生了深刻的影响。最后,在园林建筑的布局上,艮岳也是从风景环境的整体着眼,因景而设,这也与唐代宫苑有别。在主峰的顶端置介亭作为观景与控制园林的风景点。在山间、水畔各具特色的环境中,分别按使用需要布置了不同类型的园林建筑,依靠山岩而筑的有倚翠楼、清漪阁,在水边筑有胜筠庵、萧闲馆,在池沼的洲上花间安置有雍雍亭等,这些都显示了北宋山水宫苑的特殊风格,为元、明、清之自然山水式皇家园林的创作奠定了坚实的基础。

图 0-22　艮岳遗石

金明池位于外城郑门外,据宋代画作《金明池夺标图》所示,池岸建有临水的殿阁、船坞、码头等,池中央有岛,岛上建圆形回廊及殿阁并以桥与岸相连。由于池中举行赛船游戏供皇帝观览,所以金明池的布局和一般自然山水有较大差别(见图0-23)。

图 0-23　宋《金明池夺标图》之金明池

宋代的园林建筑没有唐朝园林建筑那种宏伟刚健的风格,但却更为秀丽、精巧,富于变化。建筑类型更加多样,如宫、殿、楼、阁、馆、轩、斋、室、台、榭、亭、廊等,按使用要求与造型需要合理选择,在建筑布局上更讲究因景而设,把人工美与自然美结合起来,按照人们主观的愿望加工,编织成富有诗情画意的、多层次的体形环境。江南的园林建筑更密切地与当地秀丽的山水环境相结合,创造出许多因地制宜的设计手法。《木经》《营造法式》这两部建筑文献的出现,更推动了建筑技术的进步及构件标准化水平的提高。宋代在我国历史上对古代文化传统起到了承前启后的作用,也是中国园林与园林建筑在理论与实践上向更高水平发展的一个重要时期。

### 7. 元代的园林

公元13世纪初,成吉思汗的蒙古骑兵南下占领了金中都,最后灭了南宋并统一了全国。公元1271年蒙古改国号为元,正式迁都燕京,改名大都,北京从此上升为全国的政治中心。由于金中都的壮丽宫殿毁于兵火,建都时选择了一片有美丽湖泊的金代离宫——火宁宫为中心另建新都。大都的建设遵循了《周礼·考工记》中阐述的基本原则"匠人营国,方九里,旁三门,国中九经九纬""左祖右社,面朝后市"。在建设中把壮丽的宫殿和幽雅的园林交织在一起,人工的神巧和自然景色交相掩映,构成了大都的独特风格,自此,一个宏大的、别具特色的都城便巍然矗立于亚洲东部了。

南宋至元代这段时期的园林特点可用"神理兼备"四个字来概括。园林之"神"可与绘画相比,如元代倪云林之画,与园林关系甚密,如苏州的狮子林,其园林境界与山水画作的描绘极为一致,这就是所谓的"神韵"了。

### 8. 明清时期的园林

明清时期的中国园林发展到了顶点,可谓达到了炉火纯青的境界。在明代,由于经济的恢复与发展,园林与园林建筑又重新得到了发展。北方与南方,都市、市集、风景区中的园林在继承唐、宋传统的基础上都出现了不少新的创作,造园的技术水平也大大提高,且出现了系统总结造园经验的理论著作。而清代的文化、建筑、园林则基本上沿袭了明代的传统,在267年的发展历史中把中国园林与园林建筑的创作推向了封建社会中的最后一个高峰。在全国范围内,园林数量之多、形式之丰富、风格之多样都是过去历代所不能比拟的。

明清园林多求"意"。"意"有极深的内涵,所表达的是人与园或人与自然的哲理关系。此时的园林,不仅是大自然的艺术再现,更是在人与自然的深层关系上,或人的自我价值上作出的推敲与表述。

明清时期在园林与园林建筑方面的主要成就,概括起来主要表现在以下几个方面。

第一,在园林的数量和质量上大大超过了历史上的任何一个时期。明、清两朝都定都北京,除在元大都的基础上进一步改建与扩建城市外,还在城区及郊区开辟和兴建了许多规模宏大的离宫型皇家园林,如紫禁城西面的西苑,北京西北郊风景区的"三山五园"——香山静宜园,玉泉山静明园,万寿山清漪园,圆明园,畅春园,北京周围地区的承德避暑山庄,蓟县盘山行宫等。这些皇家园林不仅规模大,而且在总体的规划布局和园林建筑设计上都充分利用了原有自然山水的景观特点和有利条件,把园林艺术与技术的水准推向了空前的高度,成为我国北方园林的杰出代表(见图0-24,图0-25)。

图0-24 北京西苑(今北海部分)

图0-25 清代香山静宜园

第二，明清时期，中国的园林与园林建筑在民族风格基础上，依据地区的特点所逐步形成的地方特色日益鲜明，它们汇集成了中国园林色彩斑斓、丰富多姿的面貌。这一时期，皇家园林、私家园林、寺观园林、风景名胜园林等中国园林的四大基本类型都已相当完备，在总体布局、空间组织、建筑风格上都有其不同的特色。其中，以北京为中心的皇家园林，以长江中下游的苏州、扬州、杭州为中心的私家园林，以珠江三角洲为中心的岭南庭园都具有代表性（见图 0-26）。风景名胜园林与风景区的寺观园林则遍布祖国大地，其中四川、云南等西南地区，由于地理、气候及穿斗架建筑技术等方面的共同性，在园林建筑上也表现出明显的特色。

**图 0-26　无锡寄畅园**

第三，明清时期还产生了一批造园方面的理论著作。我国有关古代园林的文献，在明清以前多散见于各种文史、画论、名园记、地方志中。其中，宋代的《洛阳名园记》《吴兴园林记》等曾对当时的园林作了较全面的记述和描绘。明清以后，在广泛总结实践经验的基础上，把造园作为专门学科加以论述的理论著作相继问世，其中重要的著作如明代计成的《园冶》、文震亨的《长物志》等，都对造园作了专门的阐述。

## 0.1.3　现代景观建筑的产生

### 1. 以工业化生产为导向的景观建筑风格取向

19世纪开始，大规模的工业生产使社会财富迅速增加，人们的审美观念也相应地发生转化。这一时期兴起的工艺美术运动和新艺术运动对园林建筑的影响是不容忽视的。

工艺美术运动的园林讲求简洁、浪漫，运用自然的植物群落作为种植的参照。在构图方式上，自然式和规则式进一步融合。而新艺术运动时期的园林则主要表现在追求曲线型和直线型两种形式上，这是将从自然界归纳出的基本线条作为构图和装饰的基础。最能表现这一风格的是西班牙天才建筑师安东尼奥·高迪（Antonio Gaudi）。高迪的作品利用自然线条的流动表达出对自然、自由的向往，梦幻般的色彩和装饰是他经常采用的表现手法(见图0-27)。另外,还出现了摆脱曲线向功能主义发展的潮流,以及用建筑语言来创作园林的例子。如彼得·贝伦斯(Peter Behrens)在曼海姆园艺会上的作品就是采用利用花架和修建植物来限定空间的做法。这种功能主义的趋势虽然没有形成一定的风格派系,但却为现代景观建筑的产生奠定了基础,使其摆脱了一味讲求装饰性的趋向并逐渐向功能性方向发展。

图 0-27　沐浴在阳光中的"圣家堂"

**2. 西方现代艺术流派的影响**

西方现代艺术流派对现代景观建筑的产生和发展有着深远影响。主要的艺术流派有印象派、野兽派、立体派、风格派、抽象艺术、至上主义、构成主义、超现实主义等。

① 印象派强调用鲜明、强烈的色彩去记录光和大气,摆脱了学院派灰暗、沉闷的色调。

② 以亨利·马蒂斯为代表的野兽派追求主观强烈的艺术表现,在他们的作品中频繁出现出人意料的色彩和各种扭曲的形态。这种与现实不同的形态和色彩所要强调的是艺术更加主观地反映了人的内心。

③ 立体派的功绩主要是其解决了绘画中的形式问题,即用对比法来表现空间。他们利用多变的几何形,并使多个视点叠加,从而在二维的基础上产生了三维甚至四维的效果,由此便赋予了现代设计以新的视觉语言。

④ 康定斯基创立的抽象艺术强调客观事物是人在一定理念下的抽象选择,且分为自然抽象与几何抽象,这就为后世的设计师提供了很多形式语言。

⑤ 1917年创立的荷兰风格派,最广为人知的是蒙德里安的几何形体的组合与构图。其强调的是在纯粹抽象的前提下建立理性的、富有秩序的、非个人的绘画和设计风格。

⑥ 以马列维奇为首的至上主义则主张"在绘画的白色沉默中表现内容",这对后世设计的极简主义影响很大。

⑦ 构成主义主要运用先进的科技工艺对木材、金属、玻璃、塑胶等材料进行黏合与组合,从而创作出立体构成作品。

⑧ 超现实主义是以表现梦境和潜意识为内容的流派。很多他们所创造的有机形体,如卵形、肾形、飞镖形、阿米巴曲线形等,为后世的设计提供了新的设计语言。

**3. 现代建筑运动的影响**

第一次世界大战后建筑行业空前发展,虽然这时的景观设计并没有引起社会的广泛关注,但一些建筑流派和设计师的理念都深深影响到了以后现代景观建筑设计的发展。

① 表现主义是以表现个人的主观感受为目的的,它的创作手法取决于艺术家的主观需要,通过不同程度的歪曲,以自然为基础的形态给观赏者带来视觉的冲击。门德尔松是表现主义的代表人物,他的作品很多是用流畅的线条来表现动感,如魏兹曼别墅花园设计。

② 荷兰风格派在建筑和园林上也体现了跟绘画同样的风格。建筑用简单的立方体,光洁的白、灰混凝土板,配以白、黑、红色的横竖线条和大片玻璃的穿插错落。花园面积虽然小,但与建筑通过方形组合产生呼应,甚至雕塑也是立方体的组合。这种作品反映了一种洁净、对比和韵律。

③ 包豪斯设计学院第三任校长密斯1929年为巴塞罗那博览会设计的德国馆,很好地体现了室内、室外各个部分之间的相互穿插和融合。空间没有明显的分界,简单、纯洁、高贵、雅致,这种设计风格对后世的景观建筑设计产生了巨大的影响(见图0-28)。

**图 0-28 巴塞罗那德国馆**

④ 勒·柯布西耶在1926年提出了"新建筑五特点",即底层架空、屋顶花园、自由平面、自由立面、水平长窗(见图0-29)。

⑤ 赖特提出了"有机建筑"的概念,即一幢建筑除了它本身的建造地点以外,放在其他地方都是不合适的。他把建筑视为环境的一部分,认为"建筑应该从地里长出来"(见图0-30)。

图 0-29　萨伏依别墅　　　　　　图 0-30　流水别墅

⑥ 阿尔瓦·阿尔托是现代建筑的重要奠基人之一。他强调有机形态和功能主义，推崇日本建筑，特别喜欢在设计中运用木材、砖石等自然材料，并利用自然的地形与植物使建筑与环境相得益彰。建筑的室外部分常被设计成波形，从而体现了建筑的人情味。

此外，1925 年巴黎国际现代工艺美术展上的设计作品在对新事物、新技术的使用上，如混凝土、玻璃、光电技术等方面显示了设计师们大胆的想象，揭开了法国现代景观建筑设计新的一页。

### 0.1.4　现代景观建筑的发展

1938 年，英国景观建筑设计的代表人物唐纳德著述了《现代景观中的园林》一书。在书中，他提出现代景观设计的三个方面要求，即功能的、移情的、艺术的。他认为，功能是现代景观设计最基本的要素，是三个方面的首要要求，功能使人从情感主义和浪漫主义中解脱出来。

从 1950 年开始，景观建筑的领域已经变化，小尺度的私家园林，已经不是主要的设计方面，更多的是公园、植物园、居住区、城市开放空间、公司和大学园区、自然保护工程等设计。第二次世界大战结束后，美国的现代景观建筑设计迎来了第二个时期。城市人口的增加、开放空间的匮乏极大地刺激了景观建筑设计的发展，各种广场和市政公共设施得以大量兴建。

德国在近现代以前并没有自己的园林设计，该国真正的现代景观建筑设计的发展是在第二次世界大战后，通过举办联邦园林展的形式建造了大量城市公园。其在 20 世纪 50 年代的园林设计还只是着眼于景观的质量，游人与景观还是观赏与被观赏的关系，而到了 60 年代末 70 年代初，人们开始注重以休息娱乐为主的活动。1973 年的汉堡园博会的主题就是"在绿地中度过假日"，可见休闲娱乐已成为公园的主要功能。20 世纪 70 年代以后，生态环境保护的思想开始引入到德国现代景观建筑设计中，自然野生原野的保留、噪声的防治，以及 90 年代废弃工厂的改造都是从生态环境的保护角度出发进而完成的。

在中国，传统的古典园林强调三境，即物境、情境、意境。造园多是以少数人的欣赏为目的，不具备公众观赏性。因此，造园设计的规模往往局限在一定的区域内，如皇家园林、私家园林、寺庙园林等。相比之下，现代意义上的中国景观建筑设计更强调大众性和开放性，并以协调人与自然的相互关系为前提。与传统的园林设计相比，其最根本的区别在于，现代景观建筑设计的主要创作对象是人类的家，即整体的人类生态环境，其服务对象是人类和其他物种，强调人类发展和资源及环境的可持续性。在这个前提下，现代景观建筑创作的范围与内容都有了很大的发展与变化。除了对已有古典园林的保护与修整外，城市中各种性质的公园、广场、街道、居住区及城郊的整片绿地都大量地建设起来。设计师通过对现有土地的规划设计，努力将其改良以适应人类不同的需求。

对现代景观建筑规划设计的理论研究，是随着时代的进步而不断发展的。现代景观建筑设计要求在满足物质功能性和技术性指标的前提下，注重对文化观念和生活方式的体现。第一，使用的问题。作为开放空间，它是公有的，不是私人领地，任何人都可以去享用，在这里并没有贵贱之分。第二，意义的问题。也就是文化、精神的问题，如何将其转化为图面即形象是从狭义景观的角度来讲的。第三，绿化、创造环境的问题。即一方面给人以优雅的环境，另一方面也给其他动物一个栖息的场所。

例如，1989年美籍华人贝聿铭在法国巴黎卢浮宫的庭院喷水池中立起了一个玻璃金字塔，它的地下部分也同时对应着一个倒立的玻璃金字塔，两者遥相呼应。在白天与夜晚更替时，这一玻璃金字塔则可以明暗逆转，表达了东方的思想理念和阴阳、加减、生生不息的相互关系，将历史文化与现代文明相结合。这件优秀的作品成功地创造了现代的景观环境(见图0-31)。

图 0-31　法国巴黎卢浮宫前的"玻璃金字塔"

## 0.1.5　现代景观建筑的分类

**1. 现代景观建筑从社会学的角度的分类**

① 象征性景观建筑。此类景观建筑的特征是具有前人留下的踪迹，有明确的长

久历史价值、可视为集体传统的重要元素,独特或典型的特征、能带来精神鼓舞的地点或实体、崇拜点与体现社会价值。如长城就是中国精神的一个形象代表,而提到金字塔就马上会让人联想起埃及。

② 标志性景观建筑。此类景观建筑的特征是:表达了一个特定地点的品质或文化,暗示了某种场所精神,具有关于地方特点的集体形象。例如法国的拉维莱特公园,位于巴黎市旧城东北部边缘,20世纪70年代后改造成现代公园并增加了文化设施,包括一半球状放映厅、5000座音乐厅和其他展览建筑等,此公园最大的特点就是建起了一个几何形网络,在网络的交点布置红色游乐场建筑物,这些红色建筑物以架空的通廊连接,中间是公园绿地,构成统一的整体。这是一种创新性的具有地标性意义的现代景观公园形式(见图0-32、图0-33)。

图 0-32 法国拉维莱特公园的科技馆前半圆球状放映厅

图 0-33 法国拉维莱特公园红色游乐场建筑及其连廊

③ 亲和性景观建筑。此类景观建筑的特征是:用于日常生活的场所,具有特定生活方式或地点的熟悉亲密性,日常熟悉的特征,属于现在、目前的感觉。如小区内的庭院、儿童乐园等(见图3-34)。

**2. 现代景观建筑根据性质不同的分类**

① 物质功能与精神功能并重的景观建筑。即指那些本身具有较强的实用功能,同时造型、设计、立意等方面极具特色,使之能够成为环境中极为抢眼的视觉主角,能够烘

图 0-34 美国德克萨斯的联合银行大厦中的喷泉广场

托气氛、点染环境的建筑。如一些设计新颖的展览馆、车站、办公建筑(统称为服务类景观建筑)、码头、桥梁(交通类景观建筑)等(见图0-35)。

② 精神功能超越物质功能的建筑。这类景观建筑的特点是对环境贡献较大,具有非必要性的使用功能,多为休闲、娱乐之用。如一些亭、台、廊、榭等园林建筑均属此类。

③ 只具有精神功能,基本上不具备任何使用功能的景观建筑。其主要作用只是装点环境、愉悦人们的精神,是最为纯粹的景观建筑。此类建筑物包括露天的陈设、

公共艺术品、小型点缀物等,如雕塑、喷泉、水池、花坛、标志等(见图 0-36)。

图 0-35　德克萨斯州休斯顿风雨商业街廊的溜冰场

图 0-36　苏格兰邓弗里斯郡的 Lower Portrack 花园中的雕塑

## 0.2　现代景观建筑设计的概念

### 0.2.1　景观建筑的一般概念

一提到景观建筑,最容易使人想起的就是那些亭、台、楼、阁、廊、舫、轩、榭。尽管这些都是我国古典的园林建筑,但是它们却仍然占据着我国现代景观建筑里极重要的位置。那么究竟什么才是真正意义上的"景观建筑"呢?它的作用又是什么呢?这就要从建筑的使用性质谈起了。

在人类的发展史中,建筑始终充当着人与自然及环境沟通的媒介,而人与自然及环境的沟通主要体现在两个层面上,即物质层面和精神层面。从这层意义上讲,建筑也分为两大类别,即满足人与自然环境在物质需求方面沟通的建筑和满足人与自然环境在精神需求方面沟通的建筑。所谓"人与自然环境物质层面的沟通",主要指那些为了满足人们基本生活所必需的物质性要求而建造的建筑。如用来遮风避雨的住宅、工作生产的办公建筑、购物休闲的商店等,均以较强的实用性填补了人们生活的各项基本需求。而另一方面即"人与自然环境精神层面的沟通",指人与天地、宇宙、自然界的精神沟通。人之所以有别于动物,不仅仅体现在直立行走与双手的劳动之上,还体现在人的思维和精神方面。生活在自然界中的人们是孤独的,他们需要在精神上保持与宇宙、大地的沟通。此外,人们的精神就如同人们的身体一样需要得到娱乐和放松。为此,自古至今人们创造了大量的"精神建筑",如原始部落中代表万物、神灵的图腾柱,人们通过顶礼膜拜,以示其对神灵的信仰与敬畏,借此使精神得到寄托,或为怀念亡者及纪念重大历史事件而修建的大型陵寝或纪念性建筑,如金字塔、泰姬陵、凯旋门等,以及为游乐休闲而建造的各种亭、台、楼、阁等。由此,我们将那些精神功能超越物质功能,且能够装点环境、愉悦人们心灵的建筑统称为景观建筑(见图 0-37～图 0-40)。

图 0-37　长沙街头仿马王堆出土文物——图腾柱

图 0-38　法国凯旋门

图 0-39　华盛顿富兰克林·D·罗斯福纪念碑

图 0-40　芝加哥中央盆地（荣誉法庭），哥伦比亚世界博览会

## 0.2.2　景观建筑的定义

　　景观是人类在长期的生存过程中，围绕人的工作、学习、生活，对空间景象的艺术化创造。它是人类在漫长的历史中将物质实体与精神内涵完美结合的产物。"景观"的意义不仅在于其可以赏心悦目，它同时也是人类自身保持生存发展所要求的，将建筑、植物、水体、环境设施等多元要素进行综合的空间创作艺术。

　　景观建筑是指在空间环境中具有造景功能，同时又能供人游览、观赏、休息的各类建筑物。景观建筑作为造景的重要组成部分有着悠久的发展历史，也曾创造了灿烂的园林文化。欧洲的自然式风景园林、中国的古典园林里都有优秀景观建筑的例证。在现代意义上，广义的景观建筑即为景观营造之意，这种概念产生于19世纪末的美国。1858年美国景观设计学之父奥姆斯特德提出了景观建筑学（Landscape Architecture）的名称之后，1899年美国景观建筑师学会（American Society of Landscape Architecture，简称 ASLA）创立，1901年美国哈佛大学设立了 LA 学院。景观建筑继承了传统的风景设计、园林绿化设计，并从其发展初期就同城市建设紧密结合，逐渐发展成为包含风景设计、植物设计、城市设计、建筑设计、环境艺术设计等多学科的、复合交融的设计体系。而狭义上的景观建筑即指风景区内的，以控制、组织景观为主并具有画龙点睛效果的建筑。

### 0.2.3　现代景观建筑的概念变迁

#### 1. 基于地理学的现代景观建筑概念

现代地理学将景观看作区域概念。反映气候、地理、生物、经济、文化和社会综合特征的景观复合体称为区域。20世纪初期奥托·施吕特尔（O·Schluter，1872—1952）已经注意到地球表面存在各种不同的地区类别，这种差异称为"区域差异"。1906年他在德国提出"景观是地球表面区域内可以通过感官觉察到的事物总体，而人类文化能够导致景观的变化"。他还运用历史地理学方法分析景观，探索从原始景观到文化景观的变迁过程。这一观点超越了将景观仅仅看做客观地表物质单位的概念，阐明了在一定区域边界内，景观能够表现出一定程度的一致性以及与区域外的差异性。

#### 2. 基于生态学的现代景观建筑概念

20世纪在地理学的基础上演化出景观生态学说。景观生态学将景观看作由不同生态系统组成的、具有重复性格局的异质性地理单元和空间单元。景观结构、景观功能和动态变化是景观生态学研究中的三大核心问题。景观生态学是主要研究景观单元的类型组成、空间配置及其与生态学过程相互作用的学科。

#### 3. 基于主体认知论的现代景观建筑概念

地理学及生态学意义上的现代景观建筑都是将其作为客观物质或者非物质现象的概念。第二次世界大战后，随着环境心理学的发展，刺激理论、控制理论、交互作用理论、场所论相互补充并且不断完善，现代景观建筑的概念又有了新的发展。人们认识到景观建筑不仅仅是客体现象，还是人类主体的心理认知过程。也就是说，景观建筑这一概念的成立包含了作为客体的景观对象和作为识别景观建筑对象的主体——人。而人对于景观建筑的体验包括三个要素，即景观对象、人类主体、基于人的经历和心理形成的经验，另外还会受到视点和周围环境的影响。

## 0.3　现代景观建筑开发建设中的问题

### 0.3.1　现代景观建筑中的形式主义问题

在现实生活中，形式主义的景观建筑设计随处可见。如目前我国盛行的"城市美化"运动。很多城市不顾自身自然条件、历史文化背景，忽视特定环境特点以及市民的需要,一味追求高标准、高档次,讲求华贵绚丽,有些还牵强附会地引入外国的建筑形式,一样的罗马柱式,一样的烦琐装饰……致使城市建筑风格不伦不类,既浪费了人力、物力、财力,又破坏了整个环境的景观效果。这种抹杀自然本性,不顾人类最根本需求,不顾自身的文化背景和人们的审美趣味而一味追求新奇的做法,遭到许多专家的质疑。它是我们今天的教训,是我们需要思考和研究的问题。

## 0.3.2 建筑造景过多,喧宾夺主

片面强调建筑造景而忽视植物造景的重要性,结果导致景观环境中建筑名目繁多、比重过大、喧宾夺主,不仅耗费了大量资金,挤占了宝贵的绿地,也损害了环境的绿色自然之美。

## 0.3.3 建筑尺度过大,与周围景观不协调

由于"长官意志"以及经济利益的驱使,有些景观建筑在设计时过分强调功能要求,盲目走极端的"功能主义",建筑的体型与尺度被扩大,使其很难与周围环境相调和,同时,也往往使游人感到自身渺小和压抑,因而削弱了景观建筑的艺术感染力和人在环境中的自由感与休闲性。西蒙兹认为:"任何对象、空间或事物都应为最有效地满足所要完成的工作而设计,而且要恰到好处,如果设计者实现形式、材料、装饰和用途真实的和谐,其对象不仅能运作良好,而且会赏心悦目。"

## 0.3.4 过分强调险、奇、新,忽视安全隐患

在景观建筑的位置选择、平面布局和空间处理上过分强调险、奇、新,而在结构设计和施工中又未采取相应的安全保障措施,致使许多建筑存在诸多安全隐患,如倾斜、出现裂缝等,甚至发生结构安全事故。

## 0.3.5 现代景观建筑设计与景观规划设计脱节

在我国的城市开发领域,建设的通常程序是:城市规划—建筑设计—建筑—道路—市政设施施工—景观规划设计。其结果是,人们希望在与自然的关系被破坏了以后,用景观规划设计(通常被理解为绿化和美化)来弥补这种关系,但这时场地原有的自然特征也许已经被破坏殆尽,场地整体空间格局已定,市政管线纵横交错,建筑设计鹤立鸡群,景观规划设计能做的,似乎只剩下绿化和美化了。在西蒙兹看来,景观规划设计是要贯穿于开发建设过程的始终的。场地选址、场地规划、场地设计、建筑设计等都要有景观规划设计思想的体现,这样才能保证包括景观建筑在内的环境中各类因素各得其所,取得协调而紧密的关系。

## 0.3.6 城市大规模建设中出现设计同化现象严重

由于在高速城市化建设过程中,城市总体规模急剧扩大,旧城区被大量、彻底地改造,原来的居住区被大量的高层商务建筑取代,郊野农村也成为城市发展的备用

地、田地、风景名胜区盖起了别墅、洋房，高速公路将城市连接成为庞大的网络。

快速的城市化发展和社会变革使得原先的规划设计手段不能适应新的形势要求，景观建筑同化现象成为我国开发建设中主要的景观问题。我国相当多的城市历史悠久，自然文化遗产众多，但是由于历史遗产、物质景观保护措施不当和景观建设体系的相对滞后，很多城市的形象千篇一律，地域特色不强。随着我国经济实力的增强，社会的发展趋势要求现代景观建筑能够反映地方文化特色，可以作为文化竞争力参与区域发展战略。另外，学校内缺乏系统的景观教育体系，社会上也缺少能够从事景观建筑及景观规划设计的专业人员。这不仅造成我国景观建筑学的专业理论与实践都比较落后，也是目前无法从根本上解决景观危机的原因。因此，这就要求我国的设计师与建设管理和决策人员不断提高知识水平，大量借鉴国外先进的经验，建立适合我国国情的景观建设体制，以适应当前大规模开发建设的要求。

## 0.4 现代景观建筑设计体制的现状

作为对人类聚居环境空间计划的手段，现代景观建筑学的重点在于空间形态的美化和自然、历史、文化环境的保护与建构，以提高人类活动空间的舒适性和安全性。

我国目前没有形成体系完善的城市景观建筑学设计制度。在成熟的景观设计制度出台之前，国家对景观的控制与营造主要依靠城市规划、园林学和建筑学来分别进行。国家对城市景观建筑的调控和安排主要是通过城市规划来实施的。1990年颁布的《城市规划法》第十四条规定，编制城市规划应当注意"保护历史文化遗产、城市传统风貌、地方特色和自然景观"，从而明确城市规划必须考虑景观问题。1991年建设部颁布的《城市规划编制办法》规定，总体规划应"确定需要保护的风景名胜、文物古迹、传统街区，划定保护的控制范围，提出保护措施，历史文化名城要编制专门的保护规划"；分区规划应"确定文物古迹、传统街区的保护范围，提出空间形态的保护要求"；控制性详细规划应"规定建筑类型""规定各地块建筑高度、建筑密度、容积率、绿地率等控制指标""提出各地块的建筑体量、体型、色彩等要求"等。可见，由总体规划、分区规划、详细规划构成的城市规划体系是规划城市景观建筑的主要平台。其中，总体规划中的城市风貌形象规划侧重于景观的定位和总体布局，绿地规划、历史文化名城规划等内容均与景观建设有关。控制性详细规划规定了各地块的建设指标，是影响城市景观建筑形成的最主要的技术性规范。

在城市发展和人类活动日新月异的今天，现代景观建筑已经发展成为国际认可、涵盖面广泛的职业领域，景观建筑设计的内涵也早已超越了单纯的"造园"概念，成为以空间形态的营造为主要内容，综合处理人类集聚活动的环境，调适人类心理需求的景观问题，解决城市化和全球化进程中景观危机的专业领域。

当代中国建设形势的发展离不开景观建筑学领域。在我国，园林、城市规划、建筑学都涉及景观营造的问题。但是具有整合性的城市景观建筑学科一直难以建立起来。究其原因,一方面是全社会总体缺少风景、景观意识,对景观建设的重要性认识不足;另一方面是园林、规划、建筑学从各自的专业角度出发进行景观建筑学方面的研究与实践,虽然为景观建筑学科的发展奠定了雄厚的基础,但学科分割和各个专业不同的思维不利于与景观建筑设计研究的进一步相互融合。现代城市发展要求建立的景观建筑学科必须具备高度的综合性和专业性。所谓综合性,即景观建筑学是以人类聚居环境的景观及其在环境中使人们形成相应心理环境为研究核心的课题,不仅仅是单纯对建筑景观或者园林绿地景观进行研究。所谓专业性,就是景观建筑学科并不是园林、城市规划和建筑学的附属内容,而应该是具有基本理论、针对性强、完整的专业领域。当然,我国景观建筑学不能照搬国外的经验,而是应根据我国的社会需要和专业发展状况,形成具有中国特色的专业体系。

## 0.5 现代景观建筑设计的发展趋势

### 0.5.1 现代景观建筑学的发展趋势

**1. 感性化的情感体验**

现代景观建筑不仅是人们舒缓精神压力和身体疲劳的必要空间场所,更是人们心灵交汇、感情交流的重要空间形式。这里流淌着各种心理期盼的情感溪流,浸润着人们那疲惫的、躁动的、不安的、受伤的心灵,使其心灵获得暂时的慰藉和安宁。情感成为景观建筑设计的基调,也是感性化成为现代景观建筑设计发展趋势的重要原因(见图 0-41、图 0-42)。

图 0-41 英国伯明翰维多利亚广场

图 0-42 美国沃尔特·迪斯尼世界中魔幻王国的主要街道

包含着情感内涵的现代景观建筑设计,采用一种感性取向的策略寄托了人们的欲望、冲动、潜意识等感性心理,在视觉上呈现为一种十分感性化的外貌,具有鲜明的大众性、亲和性、愉悦性、低幼性。它一改以往理性、冷漠、高高在上的外部形态,洋溢着鲜明动人的情感色彩和诱人的审美情趣,令人感到亲切而友好。这种景观建筑的营造成就了现代环境中勃勃生机的血脉,成为一道亮丽的风景线。

总之,在现代景观环境的设计中,人与环境的关系不再仅仅是简单的依存关系,它也是一种必然的情感生活体验。良好的景观建筑环境不但能使人赏心悦目,还能深深地影响观者的情绪,激发起特定的意趣,创造一定的意境。因此,我们对景观环境的感受也就不仅仅停留在感观上,精神、品质的心理追求也会是必然的趋势。

**2. 技术与艺术的结合**

科学与艺术是人类文化的主要成果。过去科学与艺术被视为文化的两个"极点",互不相融,是两种不同领域智慧的结晶,有各自独立的王国。随着人类社会的发展和进步,这种严格的界限早已被打破,长期的社会实践证明科学与艺术的最高境界就是浑然一体的共融与互补,能够体现为一种永恒的美。

现代景观建筑设计作为植生于一个时代的实用性艺术,它本身就需要各方面的知识与技术的支撑,也注定要受到不断发展的现代科学技术的极大影响和制约。正是科学技术革命性的力量推动了现代景观建筑的不断演变与发展。

社会的发展总是通过各个领域的不断进步而得以体现,现代景观建筑环境同样能够不同程度地折射出社会的发展趋势。科学技术作为反映人类文明的重要标志之一,很自然地也会反映到现代景观建筑的设计建设之中。现代景观建筑作品成为展示科学、技术、经济的舞台,新材料、新技术、新工艺被频繁地应用于设计中,并且以生活化的形式服务于现代人类。同时,现代景观建筑的高超技术也需要艺术的不断渗入,功能与艺术被有机地结合在一起,在夸张、优美的艺术化形式中展现新技术的成果,从而创造了适合现代人审美观念的"高技艺术"空间,如维也纳韶丹德的发光球体,夜间它照亮了周围的一切,而白天它白色的表面能反映出阳光的变化(见图 0-43)。

**图 0-43　维也纳韶丹德的发光球体**

**3. 人性化的体现**

现代设计作为人类物质文化的审美创造活动，其根本目的是服务于人。因此，设计活动自始至终都必须从主体的人出发，把人的物质与精神需求放在第一要素的位置上来考虑。

人性化设计的核心是作为设计主体的人的需求的满足，它要求设计师对人们已萌发的需求进行分析、研究，以设计出满足特定社会群体需求的作品。由于人类需求的产生与发展是随时代的科技的进步而不断变化的，生活质量的不断提高，会促使人们在一些需求满足之后，产生一些新的需求，新的需求激发新的设计，而新的设计又再次满足新的需求，如此周而复始，从而不断推动着需求与设计的发展变化，使之跃上新的层面。

在人性越来越受到关注和重视的今天，人性化的设计思潮必然会在现代景观建筑设计中有所体现，并成为设计发展的一种必然趋势。

① 首先，现代景观建筑的设计中，人性化的设计要求特定的环境设计必须明确针对特定的人群，设计师应该关注和把握显现的与潜在的需求信息，并对它们进行合理、科学的推断和预测，使设计呈现出概念化的前瞻性特征。设计活动具有预见性，才能避免主观臆断的盲目设计，真正实现"设计是为了人"的崇高理想与使命（见图0-44）。

② 其次，在设计中注重艺术性的追求，使景观建筑呈现出更好的休闲性，更多的娱乐性，让一切都融合在自然亲切的表达中，用一种心理攻势的力量撞击人们的感情，使人们愿意向它靠近，对它产生好感，愿意在此漫步、停留、休息，尽享环境的生命活力（见图0-45）。

图 0-44　法国拉维莱特公园内的巨龙滑梯　　图 0-45　美国纽约某小学的户外游乐场

③ 再次，人性化也应该体现在尊重"人是历史中的人"这一人的本性上。人是自然的人，更是社会的人、历史的人，这种根本属性决定了人的天性中对历史的缅怀与追忆。所以在现代的景观建筑设计中，可以借助传统的形式来表达，用传统文化的只言片语来加深公众对于历史的情感，使传统的内涵在设计的精神中得以传达（见图0-46、图0-47）。

图 0-46　日本龙安寺枯山水庭院　　　图 0-47　日本名古屋松江茶道礼仪
　　　　　　　　　　　　　　　　　　　　　　学校中用来洗手的石钵

　　传统形式在现代设计中往往被加以叠加、错位或组合,从而形成新的视觉感受。设计师用种种象征、隐喻的手法搭建了一个传统文化与现代文化交汇的舞台,创造了一种既具有新时代意识又有着浓郁传统味道的景观环境。图 0-48 所示的是一个具有中国古典园林特色的圆形入口,它形成一个圆形的景框框住了庭院中的现代建筑,这种组合很好地反映出了中西合璧的思想。

图 0-48　具有中国古典园林特色的圆形入口

　　北京王府井商业步行街在规划与改造中,也试图用各种语言叠加的人文景观促使人们回忆起过去的历史。传统的牌匾、民俗风格的雕塑、古井的标示,无不唤起人们穿越时间、空间的情感,激起人们对传统形式的兴趣。
　　④ 最后,人性化设计的趋势推动了设计观念的变化,设计从精英文化走向了大众文化,成为一种人人都可以参与的设计活动。
　　公众是社会的主体,是建筑环境的使用者。景观建筑环境的舒适与否,直接关系到公众的生活质量和根本利益。让公众参与设计,专业人士与非专业人士进行合作,可以广泛地了解公众的要求和愿望,使决策更为科学,从而增强设计项目的操作性,避免设计师的自我局限。从另一方面来看,公众参与设计的观念是一种人文思想的体现,它提供了在设计师、投资者和使用者之间平等交流的机会,能促进公众对景观建筑的理解力,提高人们的素质,有利于推动景观建筑事业的健康发展,是一种合理的现代景观建筑设计新模式(见图 0-49)。

图 0-49　安徽合肥经济开发区明珠广场上的绿地喷泉

**4. 可持续发展的原则**

可持续发展是一个包含领域极广,具有多角度、多空间的发展理念。反映在现代景观建筑学领域中,则是一个以提高人类生存状态为基础的,探索如何更好地利用各种资源的前瞻性设计理念,我们应该将其当作一种指导性原则加以应用。

1993 年美国景观建筑师协会、绿色和平组织、生态旅游协会等多个组织共同起草了《可持续设计指导原则》,针对人类社会中的自然资源、文化资源、建筑设计、景观设计和能源利用等多方面社会因素,探讨了如何体现出可持续发展理念的方向与途径,并制定了相应的指导原则。这一章程使人们能够从一个更加长远的角度来认识社会的未来发展。在如何协调现实与未来、功能与精神需求、人与自然、人与环境的多种矛盾上,可持续发展理念无疑起到了非常重要的作用。

在城市空间与环境资源方面应体现"以人为本","生态现代化"的指导方针。生态城市是 21 世纪城市发展的趋势,是可持续发展原则的具体体现,对自然资源的合理使用和循环利用已被广泛地应用到日常生活当中。在时间跨度方面,应注重以实践为纽带,以长远目标为准则,不要盲目地追求现今的得失,应该分清"固定性"与"可改变性"景观建筑的区别,对于它们在选材、设计等方面要区分对待,对"固定性"景观建筑要考虑到材质的永久性、设计的超前性,使其在以后较长的时间内依然能够具有使用性与审美性。对于"可改变性"的景观建筑,同样也要考虑其材料与设计,但要尽量做到美观而经济。现代科学技术的使用,为可持续发展理念的推行提供了便利条件,我们可以通过现代科技对生态、生命周期等因素进行模拟分析,把一些以前不可知的问题变成可知的数据,从中寻找最佳的可行方案,大大提高工作效率和设计的准确性。

可以说,可持续发展的设计理念是 21 世纪景观建筑学领域发展的重要指导原则,也是关乎人类社会发展的新主题。

## 0.5.2 对现有景观建筑改造和保护的途径与意义

优秀的景观建筑对于一个时代来说代表着人类的进步,往往具有特别意义,它具有很高的学术价值,是人们生产与生活的结晶。但是当今社会对历史景观建筑的保护依然没有引起应有的重视,一些历史景观建筑逐渐破败而湮没,与周围环境形成一种不协调的现象。而在对一些历史景观建筑的修复之中也由于指导思想和措施不当,使其失去了本来的风格面貌。因此,如何改造和保护现有的景观建筑有着重大的现实意义。

**1. 改造景观建筑的途径**

改造景观建筑设计有两种途径:一要使有特色的景观建筑与现代环境相融合,提高改造的技术手段。环境始终是人类赖以生存的,脱离环境的要素去发展所谓的未来景观建筑是不科学的。现代国际风格的作品有些就是因为脱离了人性的需要,忽视人的精神、生理需要和人的自然性,造成了城市景观建筑的机械化和不近人情。所以一味只强调功能而忽视人的需求是不符合现代人居环境要求的。二要营造出有利于景观建筑生存和发展的氛围。好的景观建筑必须要有优秀文化传统和高度文明的衬托和保护。对于那些不利于景观建筑的保护和规划设计的因素应予以剔除,从而增强环境及景观建筑的吸引力和精神活力。

**2. 对现存景观建筑保护的意义**

我国的发展正处于一个上升的阶段,各个城市和地方的建设正进行得如火如荼,所以出台一个对现存景观建筑进行保护的政策和标准势在必行。只有用法律制度来规范景观建筑的保护才能防止因各个部门之间互相推诿而导致的不可弥补的损失。我国的文物部门必须加强管理力度,规范行为,采取切实可行的措施对现有的古代景观建筑进行有效的保护,把独特景观建筑和艺术形式保存下来,以防止造成历史的遗憾。我国许多古代的独特景观建筑已经破损严重,如山西的悬空寺、应县木塔等古建筑已经濒临倒塌,保护好这些景观是我们义不容辞的责任,也是对历史和后人负责。

景观建筑保护的意义,不仅是物质上的,也是精神上的。每一个景观建筑都有自己的独特历史意义和各种建造技法,加强对建造技法的整理和研究也是对文化的一种保护,是对民族文化和历史的弘扬。

## 0.5.3 设计师的素质在现代景观建筑设计中的关键作用

景观建筑的工艺、构成,空间形态的表现与景观建筑的艺术思想息息相关。成功的景观建筑应该能够净化、提高、改善公众的灵魂,更好地体现景观建筑的功能,达到艺术、科学与自然法则相吻合的原则。近年来科学技术以惊人的速度发展着,各种新的材料被广泛使用在景观建筑设计中,人们被这些新材料、新技术所陶醉,大量盲目地使用材料,这既造成了资源的浪费,也破坏了环境的和谐。从这一点上看,设计师的素质已成为景观建筑设计中的关键因素。

随着时代的进步,单纯的技术观点在景观建筑发展中的显著地位已经日渐式微,主要的原因是景观建筑设计的过程日益复杂,而且专业性提高,将科技上的表达视为美学的标准,这只是工业萌芽时期的设计思想。忽视设计的艺术美学,缺乏一个适合于现代设计的体系,只能造成景观建筑形式的僵化、精神的漠然。因此,每一个景观建筑设计师都应该懂得如何处理材料与设计美学的关系,他们需要系统地了解,充分地利用材料来表达设计的美学效果。现代景观建筑的设计多元化对设计师提出了更高的要求,他们的设计作品要能够满足人们对居住环境的精神需要,而这种需要是建立在使用功能的合理性之上的。

## 0.6 现代景观建筑设计的成果事例一

现代景观建筑设计的成果事例一见附录 A。

## 0.7 课题设计

**【本章要点】**

0.1 对世界古典景观建筑和中国古典景观建筑的风格及历史衍变有一个总体性的把握。

0.2 了解现代景观建筑设计的产生和发展过程,包括其间它分别受到了哪些因素的影响;能够清楚阐述"现代景观建筑设计"的概念。

0.3 了解现代景观建筑设计的体制现状,能够结合实际生活中的例子说明现代景观建筑设计在当前开发建设中出现的若干问题及其发展的趋势,并尝试提出建设性的建议和对策。

0.4 本章建议 8 学时。

**【思考和练习】**

0.1 世界景观建筑最早期是在哪三种文明中得到孕育和发展的?

0.2 中国园林艺术发展史上的一个转折点发生在哪个朝代?这个朝代的园林建筑类型和建造风格有什么样的特点?

0.3 景观建筑的基本概念是什么?现代景观建筑与传统园林在理论和设计上有什么突破?

0.4 现代景观建筑在开发建设中出现了哪些问题?联系实际并提出一些建设性对策。

0.5 现代景观建筑设计的发展体现在哪几方面?试举现实中的例子进行说明。

# 1 现代景观建筑与环境

## 1.1 现代景观建筑设计与相近学科之间的关系

现代景观建筑设计是一门综合性的边缘学科,与其相关的学科范围十分广泛,包括自然科学和人文科学等众多学科领域的知识。

首先,现代景观建筑设计是以人为本的设计,对人体和心理的研究是现代景观建筑中一切功能的基本依据。人体工程学中对人体尺度及人体活动范围等方面的研究为现代景观建筑设计提供了生理方面的依据。各种心理学从人们对现代景观建筑的认识、理解和创造的角度为现代景观建筑设计中对人的行为模式和心理态度的分析提供了科学依据。其次,现代景观建筑设计与生态学有着密切的关系,现代景观建筑师是在尊重自然、维护生态平衡的基础上对人类生存空间进行有效治理、开发与设计的。第三,现代景观设计还融合了其他多门学科的理论,并且相互交叉渗透,主要涉及建筑学、城市规划、园林学、植物学、光学、声学、环境科学、测绘学、计算机技术等许多学科的理论知识。除此之外,现代景观设计的人文研究也在进一步加强。它是建立在艺术、美学基础上的一门学科,在景观的规划设计和建筑设计方面表现出对人的尊重,人文性、地方性不断地加强。因此,设计师对心理学、社会学、哲学、宗教、美学等人文学科的研究和领悟潜在地影响着其设计作品的品质。

景观规划设计、城市规划、风景园林、地理学及生态学是与现代景观建筑联系极为紧密的学科。它们的相互融合在其产生和成熟过程中从来都是互相影响的。建筑师从事景观规划设计以及景观设计师做城市规划或者建筑设计的例子不胜枚举。随着环境问题的日渐突出,景观规划设计、城市规划设计、风景园林设计等对现代景观建筑设计的影响将会越来越大,这就需要理清它们之间的关系,让城市规划师、建筑师和景观设计师及风景园林设计师们共同努力,来实现科学、合理的人类环境建设。

### 1.1.1 现代景观建筑设计与景观规划设计的关系

现代景观建筑设计是包含于景观规划设计这个大学科之内的。景观规划设计是基于科学与艺术的观点和方法,探究人与自然的关系,以协调人地关系和可持续发展为根本目标进行的空间规划、设计以及管理的职业。设计师进行景观环境规划的最终目的是为了满足人们多方面的需求,组织和创造出合理、有序的空间环境。景观规划设计的主要内容包括城市景观风貌规划、城市设计、街区设计、居住区规划设计、公园绿地设计、绿地系统规划、防灾系统规划、风景区规划设计、国家公园规划设计、各类度假区规划设计、湿地规划设计、历史遗迹规划设计、河流景观规划设计、滨海地区规划设计、室内景观设计等。

景观规划设计过程包含景观分析、景观规划、景观设计和景观管理四个方面。

① 景观分析。基于生态学、环境科学、美学等诸方面对景观对象、开发活动的环境影响进行预先分析和综合评估，明确将损失度最小化的设计方针。制作环境评价图以作为规划设计的依据。

② 景观规划。根据社会、自然状况以及环境评价图，将规划区分成几个功能区。指定总体的各个功能区的景观建设基本方针、目标、措施。大致地反映未来空间发展的景观面貌。

③ 景观设计。对各个地区的未来空间面貌进行具体的表现，制定具体的景观建设措施、目标。现代景观建筑就是包含在这一具体的设计内容中的。

④ 景观管理。对创造出的景观和需要保护的景观进行长期的管理，以确保景观价值的延续性。

## 1.1.2 现代景观建筑设计与城市规划的关系

城市规划是国家对城市发展的具体战略部署，既包括空间发展规划，又包括经济产业的发展战略，是为城市建设和管理提供目标、步骤、策略的科学。而现代景观建筑设计则是综合性的科学，主要内容为空间规划设计和管理，对象是城市空间形态。

现代景观建筑设计与城市规划的相互联系非常紧密。在国外，景观控制很早就成为城市规划的组成部分。在20世纪90年代之前，我国的城市规划体系中并不重视现代景观建筑设计的问题。直到近年来规划法规中才有了关于景观方面的条款。总体规划中形象风貌的单项规划侧重于对风景风貌的分析、定位、发展构想和实施措施，详细规划对景观的形成有潜在的控制作用。随着人们景观意识的觉醒，现代景观建筑设计学科在城市规划体系中的地位逐渐上升，良好的现代景观建筑设计成为城市规划的主要目的之一。

现代景观建筑设计与现代意义上的城市规划的主要区别就在于：现代景观建筑设计是物质空间的规划和设计，包括城市与区域的物质空间规划设计，而城市规划则更关注社会经济和城市总体发展计划。从这点也不难看出，只有在设计中将现代景观建筑设计与城市规划学进行有机联系，同时掌握关于自然系统和社会系统两方面的知识，设计师才能懂得如何协调人与自然的关系，也才有可能设计出人地关系和谐的环境。

## 1.1.3 现代景观建筑设计与风景园林的关系

风景园林是我国的传统学科，包括传统园林、城市绿化和大地景物规划三个部分，主要内容有绿化规划设计，公园绿地设计，园林植物繁殖、引种、育种等。风景园林是以公园绿地为核心而架构起来的学科体系。而现代景观建筑设计的核心是空间物质形态。风景园林和现代景观建筑之间相互渗透,联系非常紧密,具有相当多的共同课题。风景园林的发展对进行城市景观的塑造具有不可估量的作用,现代风景园林的不断扩展也为现代景观建筑设计提供了新的课题。

现代景观建筑设计与风景园林的区别表现在:现代景观建筑设计是多学科交叉的新型设计学科,它涉及诸多领域,目的是通过科学和艺术的手段来对现有景观环境进行规划设计,满足公众对室外生活环境的需求。其设计对象是多样化的,包括城市公共空间、风景区等。包含的内容繁杂,知识多样性,非传统的风景园林设计所能完成,而风景园林涉及的领域则相对狭窄,只涉及植物学和美学等,它的设计对象也只是园林环境。由于现代景观建筑设计的内容宽泛、受众巨大,其设计影响力也是风景园林设计所无法比拟的。准确地说,现代景观建筑设计源于风景园林,并从中分离出来独立成系。它实际已经远远超越了原有的风景园林概念,是新的边缘型、交叉型学科。除此之外,从服务对象、比例尺度(空间范围)、复杂程度来看,现代景观建筑设计也比风景园林的涉及面更广泛。

### 1.1.4 现代景观建筑设计与地理学的关系

地理学是研究地球表面地理环境结构、分布及其发展变化的规律性以及人地关系的学科。地理学研究的对象是多种要素相互作用的综合体,根据侧重点不同,分为自然地理学、经济地理学和人文地理学。自然地理学研究的重点是自然地理环境,经济地理学主要研究经济活动空间发展和格局的规律,人文地理学则是以人类社会文化活动的地理空间规律为研究侧重点。景观原来是地理学的概念,以景观为研究中心的景观学派也是地理学中的流派。人地关系是地理学研究的核心课题,也是现代景观建筑设计的目标和原则。地理学中的人地关系理论被大量应用于现代景观建筑设计中。

### 1.1.5 现代景观建筑设计与生态学的关系

现代景观建筑设计将生态学,特别是景观生态学的思想、理论和经验应用于自己的领域。1969年,麦克哈格著名的《设计结合自然》一书问世。它成为景观规则设计的划时代之作。

现代景观建筑设计的生态规划理念可以从广义和狭义两个方面进行理解。广义的理解是将生态学原理,包括生物生态学、系统生态学、景观生态学和人类生态学等各个方面的生态学原理,以及认识方法和相关知识作为景观建筑环境规划的基础。而对于景观建筑环境生态规划的狭义理解,则是基于景观生态学中关于景观格局和空间关系原理的规划。在这里,景观建筑环境更明确地被定义在设计地段和与其相关联的周边环境中,它是由多个相互作用的生态系统构成的综合体系。

景观生态学进一步发展并完善了生态规划的观念,这一学科的加入有助于现代景观规划及现代景观建筑设计把人和自然的关系处理得更和谐、更紧密。在技术"万能"的时代,生态性原则是最终决定现代景观建筑是否具有时代和地域特色的试金石。为了实现一个同样的目的,是否能用最少的能源和资源投入来获得同样或更好的效果,同时对环境的负面影响更小,这便是生态原则的精髓。如为了实现同样的舒适度,设计师可以通过全封闭建筑加上人工的集中空调和照明系统来实现,也可以采用更简单的自然通风和光照来解决,差别就在于前者是不生态的,而后者是生态的。基于后者的设计特色是有意义的,而基于前者的设计特色是空洞的、没有意义的。在这里,生态性优先于单纯基于技术而决定形式的特色。进一步讲,如果设计不但用直接的途径充分利用了自然过程和能源,而且能用现代技术更高效地利用和转换自然过程和能源,如利用风和水来发电,收集太阳能来加温或制冷等,从而使人类为满足生活需要而对环境带来的冲击减少。因此,技术强化了设计的生态性,生态学的观念帮助我们营造出的这种环境特色是有意义的,它同时具有时代性和地域性。

随着新兴学科的不断发展,现代景观建筑的理论、方法也在不断地发展和完善。特别是人体工程学、经济学、运筹学等开始在景观建筑设计中被广泛地应用,使得设计出来的作品更加科学和合理,更符合可持续发展的要求,也更加符合人类发展的需要。

## 1.2 现代景观建筑设计在环境艺术设计中的地位

### 1.2.1 现代景观建筑设计与环境艺术设计的从属问题

环境,即人的生活空间和行为场所,是人类生存发展的首要条件。人类如果不能与环境和谐相处则必然不复存在。人类对环境科学和艺术的掌握程度是一个民族、一个时代文化发展水平的标志。

随着物质文明和精神文明建设的深入发展,环境与艺术之间的相互关系引起各国建筑师、景观设计师、艺术家的广泛关注,环境艺术的概念应运而生。"环境艺术"是指以人的主观意识为出发点,建立在自然环境美之外,为人对生活的物质需求和对美的精神需要所引导而进行的艺术环境创造。环境艺术的基本目的,是给城市居民提供一个"沙漠绿洲"并使其感觉欢愉。处在环境艺术的氛围中,每件作品不仅单体具有一定的艺术性,每一组群体也要相互和谐呼应,同时,它们又都与所处的自然环境融为一体。从城市建设的角度看,环境艺术的品位和质量,除了从大的宏观环境如城市规划、总体的景观规划方面可以得到体现外,处于其中的景观建筑若能与自然条件相映生辉,也能够对城市面貌的形成、生活环境质量的提高起到不可估量的作用。由于建筑总是存在于一定的环境中,因此,建筑设计构思与创作必然离不开环境的启示。现代景观建筑将实用功能与审美功能融合于一身,它的表现形式是多种多样的,应用范围也非常广泛。这种建筑实体一方面在功能上满足了人的某种需求,另一方面又点缀了其所处的周边环境。

因此,从这个意义上说,现代景观建筑设计具有环境艺术的表现特征,它是属于环境艺术设计这个大的范畴之内的。环境艺术学对现代景观建筑设计提出了更高的关于艺术审美方面的要求,它要求以艺术设计学的设计方法为基础对现代景观建筑设计进行研究,艺术的形式美及设计的表现语言要一直贯穿于整个现代景观建筑设计的过程中,以塑造建筑外部空间的视觉形象为主要内容(见图1-1)。然而,从另外的角度来看,虽然现代景观建筑设计从一定程度上是建立在环境艺术设计概念上的艺术设计门类,但其蕴含的内容却涉及美术、建筑、园林和城市规划等专业,是一个综合性很强的设计门类。它的环境系统是以园林专业所涵盖的内容为基础的,它的设计概念是以城市规划专业的总揽全局思维为主导的,它的设计系统则是以美术与建筑专业的构成要素为主体的。

图1-1 匀称的比例和尺度形成的视觉效果

### 1.2.2 现代景观建筑设计在环境艺术中的应用

在人们生存的环境里,客观环境固然重要,但精致的微观环境与人更接近。环境对人的吸引力也就是环境的人情味,它潜移默化地陶冶着人们的性情,影响着人们的行为。环境艺术创造的气氛可以看作是一种美育的手段,使人感受到心灵的欢愉。

一般来说,由于城市环境居住拥挤、环境嘈杂、空气污浊,人们自然向往在清爽舒适的空间里从事各种活动,包括与邻里的交往、个人的户外休憩、娱乐游戏等。室内空间远不能满足人们的要求,因此,建设室外环境及创造出好的景观建筑,可以在城市中创造出局部的、更接近大自然的环境气氛(见图1-2)。街头绿地中的一条连廊、冰冷冷的水泥广场上一座带有花架的休憩凉亭,都会为环境增添几分亲切感和人情味。一些构思和设置都十分巧妙的景观建筑,会给周围环境带来一种活跃的气氛,也美化了人们的生活。因此,创造技术与艺术兼具的现代景观建筑已逐步为人们所重视,成为环境艺术中不可缺少的组成部分,它正如绿叶中的花朵,起到了赋予环境勃勃生机的作用。

图 1-2　与水池、喷泉相结合的城市休闲景观环境

### 1.2.3　现代景观建筑设计在环境艺术上的追求

**1. 与环境的和谐**

唤起人们审美体验的经常是视野及其感官所及的环境整体。每个景观建筑作品只有置身于与其相互协调的环境里,在协调和对比的统一中才能显示出艺术的魅力。否则,作品本身如何完美,也将不会有好的艺术效果。比如一个纪念性的雕塑,必须以它超常的空间尺度,或借助于周围环境的衬托方能形成一个突出于环境背景的优势中心,发挥其艺术感染力(见图 1-3)。黑格尔在《美学》一书中指出:"雕塑毕竟还是和它的环境有重要的联系……艺术家不应先把雕塑作品完全雕好,然后再考虑把它摆在什么地方,而是在构思时就要联系到一定的外在世界和它的空间形式和地方部位。在这一点上雕塑仍应经常联系到建筑空间。"室外雕塑的最大特点就是必须和周围的环境融为一体,特定环境中的雕塑也必须从属于特定环境中的空间构成。离开环境衬托,再精美的雕塑也会黯然失色。

图 1-3　雕塑"喜闻乐见"

**2. 创造优美的意境**

现代景观建筑不单单是用简单的建筑材料形成的构造物,而应当是重"情"的艺术。创造一个有意境的景观建筑作品,即调动自然界中作用于人的感官的所有因素,把对建筑本身的处理扩展为同时兼顾实体与情感的人为环境处理,营造柔和动人的环境,使人产生美好的联想,引起感情的升华(见图1-4)。

图1-4 富有光影效果的景观设施

### 1.2.4 现代景观建筑设计与环境艺术的区别

现代景观建筑设计的关注点是用综合的途径解决问题。关注一个物质空间的整体设计,解决问题的途径是建立在科学理性的分析基础上,而不仅仅是依赖设计师的灵感和艺术创造的。

"环境艺术设计"是一个较为宽泛的概念。严格地讲,环境艺术设计应该包含所有人工环境部分的设计。正因为其概念过于宽泛,现在中国许多艺术院校开设的环境艺术课程中,特别将环境的范畴缩小至建筑的室内外环境部分。作为艺术设计的一个分支,其室外环境设计的主要对象是室外公共空间的环境艺术设计,它包括公共艺术品设计和室外公共设施的设计。从某种意义上来说,环境艺术设计是现代景观建筑在艺术思想上的具体体现,在狭义的范围内它们是重合的。

## 1.3 现代景观建筑的内容

对"景观"通常的认识是:景观是指一定地域内山水地貌、植物动物、人工建筑以及自然现象和人文现象所形成的可供人们欣赏的景象。我们可以将景观理解为由自然景观、人工景观以及人文景观三个部分组成的整体,三者有机结合构成了完整的景观系统。现代景观建筑作为形成景观环境的重要因素之一,是一种独具特色的建筑类型。它比起景观中其他因素,如山、水、植物等较少受到自然条件的制约,是塑造优美景观环境的各种手段中运用最为灵活也是最为积极的手段。它在功能上既要满足景观的使用需求,又要与所处景观环境密切结合、融为一体。

### 1.3.1 现代景观建筑的定位

现代景观建筑代表一种新的建筑创作理念,其特点是把景观分析融入建筑的设计之中,通过景观评价来确定建筑在景观体系和自然环境中的角色定位。因此,现代景观建筑是包含于现代景观设计体系之中的。现代景观建筑并不是孤立的,任何现代景观建筑都离不开特定的具体环境,它在所处环境中往往起着组景、点景、观景、围合限定空间、组织游览路线等作用,是构成景观系统的一个要素,因此其规划布局与建筑造型就显得异常的重要。一方面,现代景观建筑受到环境因素的影响和制约,而反过来,它亦会对所处环境起到美化或者破坏作用。只要从环境的宏观、中观与微观三个系统层次因素对景观建筑环境进行调研分析,就可以帮助我们树立系统的环境观,学习到环境因素分析的方法。宏观方面包括地域范围的地理、历史、气候、文化、民俗因素等,中观方面包括城市范围的空间模式、行为模式、建筑风格等,而微观方面则包括具体建设地段的朝向、交通、景观、空间构成、现有建筑布局等。

### 1.3.2 现代景观建筑的功能作用

现代景观建筑的特征是对人们产生一定的约束、导向、启发等的各种意向,这是由于现代景观建筑的功能作用是在人和环境的相互作用下实现的。所以,现代景观建筑必须强调功能作用的个体和整体的关系,同时又呈现出各个节点之间的联系。

虽然形式、场地和材料性质的差异决定了现代景观建筑的不同空间意象,其功能依赖于空间组合和构件的表现,设计被分解成空间和材料的构成,但是设计形式是精神之后的产物,现代景观建筑设计的人性化体现必须符合人的精神需求,要结合个体对背景环境的认识来实现现代景观建筑的功能。所以现代景观建筑的功能体现在既要有外在的形式,也要有内在的功能需求(见图 1-5)。缺乏对形状的认识,缺少材料的知识,单凭直觉和灵感,对设计者来说是创造不出好的造型空间形式的。在一个缺乏空间组织和概念不清的现代景观建筑面前,人们会既忽视它的功能作用,又感受不到现代景观建筑的精神特质。对于那些脱离了人的需求性的功利性作品也应该予以批判,因为人既是自然的也是社会的,现代景观建筑应是功能和精神的共同载体。

图 1-5 美国纽约世界金融中心滨河公园景观雕塑

### 1.3.3 现代景观建筑的场所精神

我们可以将现代景观建筑与周围环境的有机融合理解为人工与自然的完美结合。"虽由人作,宛自天开",这句话虽来自于古人,但对今天仍然有指导意义,其设计原则强调的是现代景观建筑必须融入自然环境中。现代景观建筑设计中尤其重视场所精神,以自然环境与人的活动及参与为基点,以满足人们心理上的归属感和认同感为目标,完全不同于过去那种以满足人们的物质需求为准则,"形式追随功能"式的设计理念。前者强调的是人的精神需求,而后者仅停留在物质层面。现代景观建筑多定位为依托地域自然环境,传承地域历史文脉,满足现代人追求高品质生活的要求,营造自然和文化交融、历史与现代共存的风景游憩休闲建筑。Hubbard 和 Kimball 两位学者认为:"景观建筑本质上是一种巧妙的艺术,其最重要的功能在于创造并保存人类生存的环境与扩展乡村自然景观的美;而且同时借由大自然的美景与景观艺术,提供给人们丰富的精神生活空间,使生活舒适和便利,促进都市人的健康。"这里就指出了自然环境、人文环境与建筑空间的创造三者之间的关系,同时也是现代景观建筑设计构思的出发点。人文环境包含历史的积淀、文化的传承、生活模式的延续等,而一花、一草、一木、一石皆为自然环境。"林断山明竹隐墙,乱蝉衰草小池塘。翻空白鸟时时见,照水红蕖细细香。村舍外,古城旁,杖藜徐步转斜阳。殷勤昨夜三更雨,又得浮生一日凉。"苏轼的这首词通过寥寥数笔就画龙点睛地勾勒出优美的田园风光与惬意的田园生活,衬托出作者的清闲心情。正是这种合理的景观建筑空间布局,将如此优美的自然环境融入建筑,才能给作者带来惬意的田园生活,才能让其创作出如此优美的诗文。如此说来,现代景观建筑是存在于蕴含着独特的自然环境和人文环境相交融的场地中的。这些环境为设计创作设定了限制的同时,也为其提供了创作的依据与基础(见图 1-6)。

**图 1-6 北京香山饭店**

随着历史的演变和时代的发展,现代景观建筑已不同于古代的合院连廊,而需要一些新的元素注入现代建筑的设计中,以体现时间与空间、人与自然、现实与历史的转变,从而也呈现出符合当时场地特征的创作追求和创作结果。一方面,现代景观建筑所在环境的地形地貌与绿化资源所形成的丰富而多层次的景观空间，是我们在设计时应充分纳入考虑范围的因素。在设计中要充分结合地形，因势利导、因地制宜地顺应地势，保护生态资源，强化和丰富自然景观（见图1-7）。另一方面，现代景观建筑多利用基地内原有的人文环境组织景观空间视点，让游人在建筑中游憩的同时又能充分感受历史岁月的流动。所以设计师就要挖掘所处环境的历史文化内涵，在作品中延续其物质形态与非物质形态如文化形态。另外，还要在空间上采用传统的造景、借景手法，在营造出建筑自身特色的同时使其融入环境之中，成为所处环境的重要组成部分，从而丰富整个环境的层次和厚度。

从现代景观建筑设计构思开始就力求解读与展现场地的性格特征，寻找与场地的自然环境、人文环境以及现实需求相一致的建筑形象，使之契合场地原来的性格，这应该成为贯穿创作全过程的主旨。

图1-7　泰国清莱四季酒店中的凉亭

## 1.4　现代景观建筑设计的一般程序

现代景观建筑的设计程序是指在从事一个现代景观建筑设计项目时，设计者从策划、选址、实地考察，到和甲方进行交流、设计、施工、投入运行这一系列工作的程序。在此过程中，景观建筑师起到了负责整体协调的作用。

当前，现代景观建筑设计呈现出多元化的趋势，很多景观项目都具有自己的特殊性和个别性。因此，对项目进行明智的可行的规划是很重要的。首先，我们应该理解项目的特点；其次，要编制一个全面的计划，然后通过研究和调查，咨询相关人员，拟定出准确详细的设计要求清单和设计内容；最后，从历史典藏中寻找一些相似的适用案例，取长补短，并结合现代的新技术、新材料和新的规划理念，创造出新的符合时代特征的景观。

为了避免最后项目的运行结果与规划的用途、理念不相符的情况出现，应该在项目策划初期就进行周密严格的构思与设想，再以理性的、科学的、严谨的设计程序作为指导。

### 1.4.1 委托

委托是客户方和设计方的初次会晤,说明客户的需求、确定服务的内容以及确定双方之间的协议。通常情况是口头协议即可,但对于大型、复杂或长期的项目,须拟定详细合法的协议文件。

### 1.4.2 综合考察

① 明确设计的任务,要求掌握所要解决的问题和目标。例如,设计创造出的景观建筑的使用性质、功能特点、设计规模、总造价、等级标准、设计期限以及所创造出的景观空间环境的文化氛围和艺术风格等。

② 调查研究、现场体验是一个非常重要的过程。首先,需要对即将规划设计的场地进行初步测量,收集数据,或直接从政府部门得到数据、地图等。然后,做一些访问调查,会见一些潜在用户,综合考虑人与场地景观之间的关系和需求,这些信息将成为设计时的重要依据。最后,是现场体验。测量图纸及汇集其他相关的数据固然是重要的,但现场的调查工作却是不容忽视的,最好是多次反复地进行调查,可以带着图纸现场勾画,以补充图纸上难以表达出来的信息和因素,这样才能掌握场地的状况。必要时可以拍摄照片,并与位置图相对应,这样有助于设计时回忆场地的特征。如果要对场地进行更透彻的解释,还应该关心场地的扩展部分,即场地边界周围环境以及远处的天际线等。西蒙兹教授认为:"沿着道路一线所看到的都是场地的扩展部分,从场地中所能看到的(或将可能会看到的)是场地的构成部分,所有我们在场地上能听到的、嗅到的以及感觉到的都是场地的一部分。"如植被、地形地貌、水体以及任何自然的或人工的可以利用的地方和需要保留或保护的特征等。当然,一些不雅的景致,如与该场地尺度极不协调的建筑物,或是一些破旧没有规划好的构筑物,在影响到景观时,应该摒弃或者遮盖。这时,可以在图纸上把这些不良因素注明,为往后的设计提供全面的信息。总之,想做好设计就必须到实地去,用眼睛去观察、用耳朵去聆听、用心去体验这块场地的特征和品质。

日本的景观设计师木升野俊明设计的作品非常注重体验,他认为,精神与人性化的设计,必须把现场及使用的素材作为能够对话的对象。他创造的作品具有很强烈的感染力,因为他的"对话"甚至包括一草一木。

### 1.4.3 分析

这一步骤的工作包括场地分析,政府条例的分析,记载限制因素等,如土地利用密度限制,生态敏感区、危险区、不良地形等情况,分析规划的可能性以及如何进行策划。其工作的步骤如下。

**1. 场地分析**

(1) 区域影响分析

场地分析的程序通常从对项目场地在地区图上定位、在周边地区图上定位以及对周边地区、邻近地区规划因素的粗略调查开始。从资料中寻找一些有用的东西,如周围地形特征、土地利用情况、道路和交通网络、休闲资源以及商贸和文化中心等,构成与项目相关的外围背景,从而确定项目功能的侧重点。

(2) 自然环境分析

自然环境的差异对景观的格局、构建方式影响较大,包括对地形、气候、植被等进行的分析(见图1-8、图1-9)。

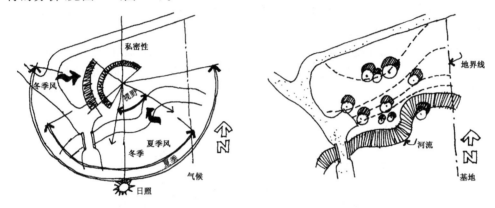

图1-8　基地环境的实际情况分析图(一)　　图1-9　基地环境的实际情况分析图(二)

(3) 人文精神分析

景观的人文背景分析主要包括人们对物质功能、精神内涵的需求,以及各种社会文化背景等。不同的景观在精神层面上都能给人一定的感受或启迪,借助景观建筑的造型、材料、肌理、空间以及色彩表达某种精神内涵,渲染一定的气氛,如积极向上的精神、宗教气氛的渲染、民俗文化的表现、历史文化感等。因此,要设计某个区域的景观,就要了解该景观所针对的人群的精神需求,了解他们的喜好、追求与信仰等,然后有针对性地加以设计。

(4) 对于群体的社会文化背景分析

一般而言,社会在本质上是社会关系的总和,具体是指处于特定区域和时期,享有共同文化并以物质生产活动为基础的人类生活的共同体。所谓社会文化,其内涵极其广泛,包括知识、信仰、宗教、艺术、民俗、生活习惯、地域、道德、法律等。不同文化背景的群体之间在景观审美偏好方面存在显著的差异。现代景观建筑作为一个客观实体,体现了一定的社会文化,具有该社会的文化属性。文化具有民族性、区域性和时代性。因此,在设计一定社会文化下的景观构造物时,一定要深入分析该区域的社会文化特色、人口构成特征,使景观建筑与该区域的社会文化很好地融合在一起。

(5)对于社会历史的分析

人类社会历史悠久,源远流长。虽然不同的历史时期有着不同的人和事物,也有着不同的文化背景,但社会历史却是连续的、相融的。现代景观建筑的设计也应与社会历史相一致、相融合,决不能偏离社会历史、背道而驰。

**2. 地形测量**

地形测量是收集资料和调查研究阶段的重要内容,基础的地形测量常规上应该由注册测量师提供,并提供测量说明书。

**3. 场地分析图**

场地分析图是对场地进行深刻评价和分析,客观收集和记录基地的实际资料,如场地及周围建筑物尺度、栽植、土壤排水情况、视野以及其他相关因素。通常情况下,图面只表达景观面貌概况,无需太精确。

除了这些现场的信息,调研中收集到的其他一些数据也包含在测量文件中,如邻接地块的所有权,邻近道路的交通量,进入场地的道路现状,车行道、步行道的格局等(见图1-10)。

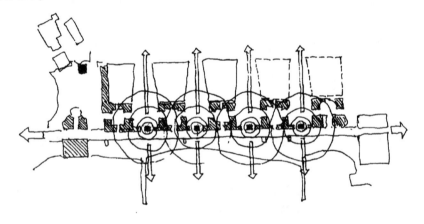

图1-10 设计现场交通状况调查分析图

**4. 确定设计方案的总体基调**

在通过对景观设计所属地域的综合考察与分析之后,就要确定设计什么样的景观,分析其可行性,建造此景观的有利因素和不利因素,以明确设计方案的总体基调,如休闲娱乐、教育、环保景观建筑等。

### 1.4.4 具体设计过程

当数据收集、分析完毕,就开始进入设计阶段。现代景观建筑设计过程主要包括方案构思、施工方案设计、施工出图阶段、工程施工和竣工验收五个阶段。这五个阶段在相互制约的基础上有着明确的职责划分。其中构思方案阶段的工作主要包括确立设计的思想、进行功能分区,结合基地条件、空间及视觉构图确定各种使用区的平面位置,包括交通的布置、广场和停车场的安排、建筑及入口的确定等内容(见图1-11、图1-12)。施工方案设计就是全面地对整个方案的各方面进行详细的设计,包括确定准确的形状、尺寸、色彩和材料,完成各局部详细的平立剖面图、详图、透视图、表现整体设计的鸟瞰图等,是将设计与施工连接起来的环节。根据所设计的方案,结合各工种的要求分别制出具体准确的、指导施工的各种图纸,能清楚地表示出各项设计内容的尺寸、位置、形状、材料、种类、数量、色彩以及构造和结构,完成施工平面图、地形设计图、景观建筑施工图等。

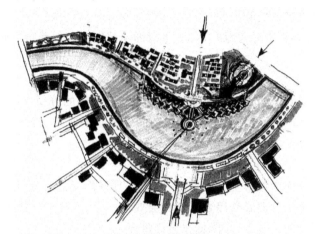

**图 1-11　平面方案的构思设计**

**图 1-12　立面空间的构思设计**

**1. 方案构思阶段**

现代景观建筑的设计本身是个复杂的过程,方案构思阶段的特点可以概括为五个特性,即创造性、综合性、双重性、过程性和社会性。

(1) 创造性

现代景观建筑的设计过程本身就是一种创作活动,它需要创作主体具有丰富的想象力和灵活开放的思维方式。景观建筑师必须能够灵活地解决具体矛盾与问题,发挥自身的创新意识和创造能力,才能设计出内涵丰富、形式新颖的作品。对初学者而言,创新意识和创造能力应该是其专业学习训练的目标。

**(2) 综合性**

现代景观建筑学是一门综合性很强的学科,涉及景观规划学、城市规划学、建筑学、生物、社会、文化、环境、行为、心理等众多学科。作为一名景观建筑师,必须熟悉、掌握相关学科的知识,并掌握一套行之有效的学习方法和工作方法。

**(3) 双重性**

现代景观建筑设计的思维活动有着不同于其他学科之处,具有思维方式双重性的特点。景观设计过程可概括为分析研究——构思设计——分析选择——再构思设计……如此循环发展的过程。在每一个分析阶段,设计者主要运用的是逻辑思维,而在构思阶段,主要运用形象思维。因此,平时的学习训练必须兼顾逻辑思维和形象思维两个方面。

**(4) 过程性**

在进行现代景观建筑设计的过程中,需要科学、全面的分析调研,深入大胆的思考与想象,不厌其烦地听取使用者的意见,在广泛论证的基础上优化选择方案。设计的过程是一个不断推敲、修改、发展、完善的过程。

**(5) 社会性**

现代景观建筑作为城市空间环境的一部分,具有广泛的社会性。这种社会性要求景观建筑师的创作活动必须综合平衡社会效益、经济效益与个性特色三者的关系。只有找到一个可行的结合点,才能创作出尊重环境、关怀人性的优秀作品。

构思是现代景观建筑设计最重要的一个部分。在对设计地域进行综合考察与各方面分析,明确设计效果之后,就要对场地进行细致的规划构思。构思要另辟蹊径、有创意。一个设计能否成功,关键在于设计师的构思是否有新意。构思时要注意设计形式的有效运用。

**2. 施工方案阶段**

(1) 勾画设计草图

设计草图是设计者对设计要求理解之后,设计构思的形象表现,是捕捉设计者头脑中涌现出的设计构思的最好方法。在设计的草案(粗略的研究方案)阶段,草案应该保持简明和图解性,以便尽可能直接解释与特定场地的特性相关的规划构思。随着规划草案的进行,可以进一步对各方案的优缺点进行总结,并作出比较分析。不合适的方案需要放弃或者加以修正,好的构思应该采纳并改进。应该把不同知识领域的专家、景观设计师、建筑师、工程师、规划师以及艺术家和科学家集中到一起,请他们各抒己见,各种思想、构思、灵感自由地交流碰撞,让项目在不同的领域同时探讨,最终得到一个综合的概念规划,做到把所有建设性的思想和建议都考虑到最终的方案中,以减少负面影响,增进有益之处。

如果一个可行的方案初具轮廓,具体目标已经确定,接下来应该进行初步规划和费用估算,同时也应不断地调整和充实方案,关注负面影响的产生。评估是一个重要的手段,它对所有的因素和资料以及规划后带来的社会反应进行分析,权衡利弊,这样可避免给项目带来的消极影响并对存在的问题及时做出改正,提出一些补救措施。如果负面作用大于益处的话,则建议不进行项目开发。

(2)绘制平面图

在绘制平面图时,首先根据设计的不同分区划分若干局部,每个局部根据整体设计的要求进行局部详细设计(见图 1-13)。

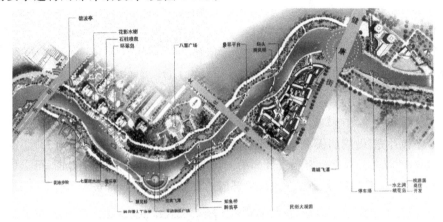

图 1-13　总平面分区图

在进行平面图的绘制时,应注意选用恰当的比例尺及等高线距离,如比例尺为 1∶1000,等高线距离为 0.54 m,用粗细不同的线条绘制出设计的不同部分。详细设计平面图的绘制要求并表明建筑平面、标高及与周围环境的关系。

为了更好地表达设计意图,有时需要在一些局部做一些局部放大图或横纵剖面图(见图 1-14、图 1-15)。

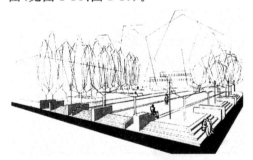 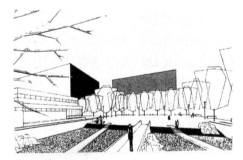

图 1-14　景观环境的局部设计透视图(一)　　图 1-15　景观环境的局部设计透视图(二)

(3)制作效果图

效果图的绘制要比草图更加完整精细,细节更加清晰,要按精确的比例进行绘制。效果图的绘制通常可以借助计算机来辅助完成,也可以手绘形式完成。效果图要能按比例描绘出景观建筑的造型,反映出景观设施间主要的结构关系(见图 1-16、图 1-17)。

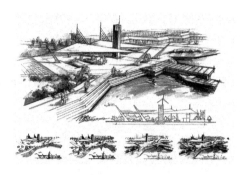
图 1-16　最终方案的不同表现方式(一)

图 1-17　最终方案的不同表现方式(二)

(4) 展板设计

在绘制完效果图后,就可以利用各种图纸来组织版面,配以主要说明文字对图纸进行解释和补充,做成展板,以供公众或相关部门来观赏和评判(见图 1-18)。制作展板,一方面可以向公众充分展示设计师的设计成果及设计水平;另一方面,可以针对设计中的不足充分采集和听取公众及相关部门的意见,以便对设计进一步修改和完善。

图 1-18　展板设计图

(5) 模型制作

虽然效果图已经将构思立意充分地表现出来了,但是,效果图始终是平面图形,而且是以一定的视点和方向绘制的,这就难免会存在设计构思体现不完全的假象。因而在设计的过程中,使用简单的材料和加工手段,按照一定的比例制作出模型是很有必要的。模型的制作能更准确直观地表达出景观建筑与所在环境的比例和尺度关系及总体效果(见图 1-19)。

图 1-19　模型能够更直观地表现设计意图并体现空间感

**3. 施工出图阶段**

在完成各局部详细设计的基础上,才能着手进行施工图的设计。施工设计图纸要求绘制规范要尽量符合国家建委规定的标准。一般要包括施工放线总图,地形平面设计图,水体设计,道路、广场设计,景观建筑主体设计,周边绿化设计及管线、电讯设计等。

### 1.4.5 编制设计说明书及工程预算

在进行设计构思时,必须对各阶段的设计意图、经济技术指标、工程安排以及设计图上难以表达清楚的内容等,用图表或文字的形式加以描述说明,使规划设计的内容更加完善,最后还要附上一份关于工程的预算文件。

### 1.4.6 工程施工

初步规划设计和概算获得批准后,应开始拟定施工文件、进行招投标。进而就进入了工程施工阶段。这是设计人员与施工人员相配合将设计方案实现的阶段。虽然大量的工作要由施工人员来完成,但仍需设计人员的密切配合。首先,在施工前,设计人员要向有关的施工单位讲解其设计方案,递交相关的设计图纸,即交底。其次,在施工的过程中,设计人员要下工地,到现场全程化跟踪指导。施工人员可能遇到这样、那样的问题或提出不同的看法,都需要设计人员随时加以解释、审核甚至修改,补充相关的图纸。在施工过程中,景观建筑师应充分严格地监督,使施工效果与设计相吻合。施工结束后,设计人员应协同质检部门进行工程验收。设计是关键,施工是保证,养护是永续。设计好不等于施工效果好,一个优秀的作品必须是设计和施工的完美结合。

### 1.4.7 运行

在项目完成之后,景观建筑师应该给客户提供一份说明,指导其如何进行运作和维护。并做到定期访问,注意使用后的定期反馈。

以上的设计程序是一种步骤的架构,它给了我们现代景观建筑设计方法的指导。而作出一个好设计并不是一件简单的事情,灵感的闪现、良好的构思,需要详细的观察研究、不辞辛劳的现场体验作为基础。一般情况下,很多步骤是重叠交叉进行的,如场地分析是与场地体验同时进行的,业主访问、场地分析以及草案研究是需要不断进行沟通的,并有可能要重新返回前面的某项工作,以完善后面的步骤。因此,对于一个负责任的设计师来说,改方案、改设计是经常发生的事情,应不断地积累经验,组织协调好各方面工作。把理性分析和感性设计进行有机地结合,总结最佳的设计程序和状态,以提高设计的质量和效率。同时,在设计过程中,设计师应特别注意要和业主、公众及相关部门进行交流沟通,使设计更加全面,并符合大众的要求。

## 1.5 现代景观建筑设计的成果事例二

现代景观建筑设计的成果事例二见附录 B。

## 1.6 课题设计

**【本章要点】**

1.1 了解现代景观建筑设计是一门综合性的学科,它与相关学科是如何相互交叉和渗透的。

1.2 认识到在现代景观建筑设计中,设计师既要突出建筑的个体特色,同时又要使其具有场所精神,要充分考虑到"人"的心理需求。

1.3 对现代景观建筑设计的一般设计程序有初步了解,了解设计前期阶段的观察和分析工作的重要性。

1.4 本章建议 8 学时。

**【思考和练习】**

1.1 为什么说现代景观建筑学是一门综合性的学科?它与风景园林学科的区别体现在哪里?

1.2 现代景观建筑设计和环境艺术设计的相互关系如何?它们是如何相互影响的?两者的区别又体现在哪里?

1.3 什么是现代景观建筑设计的场所精神?举现实生活中的例子进行说明。

1.4 对设计环境的分析具体要做哪几个方面的工作?在方案构思阶段要突出什么性质特点?

# 2 现代景观建筑的设计方法和技巧

我国是世界上园林艺术起源最早的国家之一,早在二千七百多年前就有园林的雏形,历经了几千年的发展,虽然经历了兴衰和变故,但也形成了我国独特的园林风格,这在世界上都是具有高度艺术价值的珍贵遗产。近年来,随着改革开放的进行,国内外各领域都有较为深刻地交流,在艺术设计界也不例外,园林设计在传统意义上加入了新的内容,而在设计思路上,《园冶》所叙的造园理论和造园技巧仍然可以借鉴。20世纪以来,随着城市化的巨大发展与全球一体化进程的加深,人口的增长和资源的短缺,使各个国家都面临着不同程度的景观危机,甚至有的还涉及重要的生存问题,因此,生态学、系统论思想、可持续发展理念逐渐与城市建设结合,景观规划的思路也趋向于多元化。属于景观设计的重要组成部分的景观建筑设计也在一定程度上寻求新的设计思路,在此,我们先从原始的设计思路进行分析,力求找到适合现代景观建筑要求的设计方法与技巧。

## 2.1 现代景观建筑的设计方法

现代景观建筑设计是一门综合性很强的环境艺术,涉及建筑工程、生物、社会、艺术等众多的科学,既是多学科的应用,也是综合性的创造;既要考虑科学性,又要讲究艺术性。现代景观建筑设计应该注意以下几点:① 满足功能要求;② 符合人们的生活习惯,设计必须为人服务;③ 创造优美的视觉环境;④ 创造尺度合适的空间;⑤ 满足技术要求;⑥ 尽可能降低造价;⑦ 提供便于管理的环境。现代景观建筑属于现代景观设计的一部分,其设计也应满足以上注意事项,同时兼顾建筑设计中功能性方面的要求。

### 2.1.1 现代景观建筑设计的基本原则

现代景观建筑有别于一般建筑的特殊个性特点。因此,在进行具体的规划设计中应认真分析环境的需求、造景需要、气氛的要求等因素,强调和突出现代景观建筑的自身特点,运用科学的理论和方法,以强化景观的品质和环境效果为目的,关注现代景观建筑设计中的原则和内容。大体来说,首先必须遵循师法自然、以人为本、因地制宜、可持续发展的基本宗旨,在此基础上,再考虑形式美法则和景观营造的基本原则。

**1. 在构思和立意时应遵循的原则**

① 构思和立意必须在重视建筑功能的前提下进行。对于现代景观建筑,其主要功能是为了满足人们游览、休憩和身心的放松,因此在构思立意时应把其游憩功能放在第一位。

②建筑艺术意境的创造需要重点强调景观效果。艺术性是现代景观建筑的固有属性,建筑可以成为景观的画面中心,也可以成为景观的构图中心,因此在意境创造时要加强景观建筑自身的可观赏性。

③立意同时必须重视环境效果的影响。现代景观建筑属于人工环境的内容,与其他景观设计要素相比较,其在空间的组织和引导等方面发挥了举足轻重的作用。

**2. 在相地和选址时应遵循的原则**

①通过分析大环境的特点,充分利用和保护自然环境成分,同时注意各部分的因素影响。现代景观建筑在景观设计中的选址与一个景区的选址方法是相同的。比如流水别墅、西塔里埃森等位置的选择,充分体现了对环境的认识。

②提倡"自成天然之乐,不烦人事之工"的设计思想,尽量遵循因地制宜的原则,以达到"相地合宜,构园得体"的效果。这是现代景观建筑设计中特别要注意的,否则现代景观建筑的艺术性必然会弱化。

③同时进行环境气候条件分析,了解气候、朝向、土壤、水质等因素对现代景观建筑设计的影响。

**3. 在组合和布局上应遵循的原则**

①注意巧妙地运用空间各要素的对比,即体量的对比、形式的对比、明暗虚实的对比等,营造富有变化而统一的空间气氛。不论是单体建筑与环境的结合还是建筑群体的组合构成的开放空间,也不论是建筑围合的庭院空间还是混合式的空间,都存在些许要素的对比,对其加以巧妙利用能收到事半功倍的景观效果。

②注意加强空间的流通和渗透,即相邻景点的流通和渗透、室内外空间的流通和渗透等,形成连续的景观建筑环境。

③注意现代景观建筑空间的序列和层次,这是组织现代景观建筑空间的总的原则。

**4. 在景物组织上应遵循的原则**

①在现代景观建筑设计中,利用门窗洞口等,结合合适的组景手法和借景要素选择,做到"因景而借,借景有因"。

②借景的同时必须考虑到现代景观建筑的选址问题。

③注意处理好借景对象和主景之间的关系,选择较为恰当的视角和视距,以达到和谐自然的景观效果。

**5. 在处理空间的尺度和比例时应遵循的原则**

①根据现代景观建筑的规模大小,选择建筑本身及小品的合适尺度和比例。

②对现代景观建筑本身的细部尺度也要留意,各部分细部的尺度处理以及细部与整体的关系处理,力求整体协调,有一定的亲切感和舒适感。

③对现代景观建筑与周围环境的尺度关系的处理,选择适宜的小品、植物等景观的大小和形态。

④不论是作为景点还是观景点,现代景观建筑都应注意不同视距和视角的选

择,使其能在各个不同状态下被欣赏。

**6. 在色彩与质感的处理上应遵循的原则**

① 注意现代景观建筑所选材料的色彩与周围环境的协调,适当选择微差或对比的手法进行气氛的营造。

② 把握色彩的地域和民族特性,正确处理不同民族和不同人种对色彩的独特喜好,恰到好处地运用到现代景观建筑的设计中来。

③ 正确运用人工照明方式和光色的影响,充分考虑其与建筑本身的颜色相协调,把握其所产生的不同的心理感受。

**7. 在处理结构与形态时应遵循的原则**

① 在建筑设计中,结构与形态是相辅相成的,现代景观建筑也不例外,因此在选择合适的结构时应充分考虑形态的要求。

② 由于结构是形态的载体,因此,注意结构的合理性和科学性是现代景观建筑得以存在的前提条件。

③ 现代景观建筑的结构形态除满足自身特点要求外,还应考虑其与周边环境的协调关系。

### 2.1.2 现代景观建筑设计的基本方法

**1. 注重构思立意**

首先,要保证构思立意有独到和巧妙之处。现代设计注重的是原创性,设计要有新意、有亮点、有新鲜感,因此在现代景观建筑设计的构思立意之时,要注意思维的巧妙和独到,不应人云亦云、刻意模仿。其次,通过对大自然的了解分析,直接从大自然中汲取养分,获得设计素养和灵感。大自然是最淳朴、最纯真的源泉,设计师应注重、有机地利用大自然的无限资源,捕捉最真实的设计素材。同时,要善于发掘与现代景观建筑设计有关的体裁或素材,并用联想、类比、隐喻等手法加以艺术表现,通过建筑的造型、色彩、质感、体量等方面充分表现(见图2-1)。

图2-1 斜纹相对的地面铺装配上青瓦白墙,显示着中式元素特有的古朴和静谧

提高现代景观建筑设计构思的能力需要设计者在自身修养上多下工夫,除了对本专业领域的知识,如有关建筑的功能布局、建筑的结构构造、建筑的材料与连接等的掌握,还应注意诸如文学、美术、音乐等方面知识的积累,这些知识会潜移默化地对设计者的艺术观和审美观的形成起作用,提高作品的内涵与素养。另外,平时要善于思考,学会评价和分析好的设计,从中汲取有益的东西。好的作品都是具有一定特色的,设计师要善于发现其特色之所以能具有生命力和闪亮点的真正原因,而不是一味地照抄照搬,因为在一定意境中的景观建筑才具有活力。

**2. 充分利用基地条件**

基地分析是景观用地规划和方案设计中的重要内容,包括基地自身条件(地形、日照、小气候)、视线条件(基地内外景观的利用、视线和视廊)和交通状况(人流方向、强度)等现状内容。这些内容是现代景观建筑设计中的无价之宝。我们知道,现代景观建筑设计的最初起因主要是利用,进而是对地区和环境的改造,最后才是景观建筑设计。因此,在进行现代景观建筑设计前对基地条件进行分析,充分考虑能利用的因素,不论是从经济上还是从景观建筑设计构思的完整性上,都是十分必要的。

**3. 视线分析**

视线分析是现代景观建筑设计中处理景物和建筑空间关系的最有利方法。视线分析包括视阈、最佳视角与视距、确定各景之间的构图关系等几方面的内容。因为人的视阈范围是由人的生理特征决定的,因此,在进行现代景观建筑体量与尺寸选择时,应着重考虑人们的观赏距离与视阈之间的关系。从成像的角度分析,在视阈范围内,最佳观赏效果是由最佳视角和视距决定的,正确选择角度和距离的大小,是决定观赏效果的关键所在。同时,现代建筑景观的整体构图以及与建筑周围的构图关系也同样重要。

## 2.1.3 现代景观建筑设计的构思来源

**1. 传统的造园设计思想**

以山林地、江湖地、郊野地、村庄地和依山傍水的土地作为构园之境,创造出一种自然天成的审美效果。在景观设计四要素中,景观建筑的人工成分相对突出,因此,传统园林设计中要么淡化建筑的真正含义,要么以建筑为中心进行造园布局。

**2. 传统与现代结合的设计思想**

山林地带,绿树浓荫、峰峦起伏,形有高低凹凸、平直弯曲、峻悬幽深,色有春绿秋黄,通过这一系列的地形、山水、植物的处理以显示传统园林设计的方式方法。在此基础上加以适当的建筑小品及人工景点的设计,"自然"当中找到"人为"的魅力,以现代元素展示前卫的设计思想和理念。

**3. 以自然为主的现代设计思想**

在有泉流山石之地可利用其本身的特点,或利用流水筑小堤形成叠泉小瀑布,或筑坝造湖,依湖建馆、亭、阁,按组景的方法布局,以水面为主,以庭院建筑为辅,使建筑与泉流、湖水融为一体,将人为环境与自然环境紧密结合,同时应避免过多地建造人工景点,以免破坏了自然产生的特有审美效果。

**4. 以人工环境为主体的构园方式**

在原有城市景观的基础上结合功能要求,以建筑群为主,辅以树木花草,形成绿树丛中映楼台的审美效果。

### 2.1.4 现代景观建筑设计的基本思路

创造空间是环境艺术设计的根本目的。从项目接手到用地规划、方案设计及深化的全过程中,理清各使用区之间的功能关系和环境关系的基本宗旨和目的就是营造一个适宜的环境空间。如果说规划是在平面上进行布置,那么设计就是在立体上进行空间创造。在这个过程中,主要解决空间的特定形状、大小、构成材料、色彩、质感等构成因素之间的组合关系,综合表达空间的质量和功能作用。因此,在进行环境景观空间设计时,既要考虑现代景观建筑空间本身的特征和质量要求,又要注意现代景观建筑在整体环境的其他各空间之间的关系的处理。

在现代景观建筑设计中,不论规模的大小,为增加空间的层次感、景深和丰富的景观效果,往往把景区规划设计成多个不同功能特色的空间集合,为游人提供一个流动的空间,营造出传统意义上的"景因人异,景随人动"的空间景象。不同空间类型组成有机整体,并为游人构成丰富的连续景观,也就是通常意义上所讲的景观的动态序列。现代景观建筑在这一空间的组织过程中具有起承转合的作用,抑或划分界线,抑或引导指向,从这点来说,在景观的空间组织中建筑所起的引导和组织作用是其他要素所不可替代的。

**1. 现代景观建筑设计的空间**

(1) 空间的划分与组合

将单一空间划分为复合空间,把大空间分割成多个小空间,其作用是在总体结构上为景观的功能和艺术布局创造有利的条件。划分空间的方法主要表现在组成景观的物质要素上,也就是实体构件。空间的布置既要有主次之分,又能做到疏密相间,形成有一定韵律的变化,通过曲折幽深的处理增强风景的深度和层次。如在景观的入口处采取"先抑后扬"或"先扬后抑"的做法,产生了引人入胜、美不胜收的艺术效果(见图2-2、图2-3)。

图2-2 矩形长廊表现出院落的深邃感

图2-3 体现出相融渗透和分隔的空间

(2)空间序列与景深

空间序列在一定程度上讲是人在观赏风景时,由此及彼形成的审美感受的过程。而景深则是观景者对距离的主观感受,"隔河看柳柳如烟"就是这种感受的真实写照。同时,景深还包括了景物的层次、疏密、藏露关系等综合因素。只有在这种情况下才能使观者产生"山外青山楼外楼"的感觉。景深和层次在适当地、恰如其分地表达中,往往能造成以大见小、以小见大,实中有虚、虚中有实的朦胧境界,这种咫尺之间有千里之势的艺术效果是景观设计师力求达到的设计境界(见图2-4)。

图 2-4　多个亲水平台的组合体现出令人神往的灵动与曼妙

(3)动态观赏与静态观赏

动态景观是游人在游览进程中对景物逐步感受到步移景迁的过程。在游览路线上适当安排观赏时间长短不一的景点,有助于激起游客的观赏激情和欲望,但各景点的观赏时间要适当搭配,设计景点不宜过多,应着重考虑相互连接构成的景观系列和整体性。

静态景观就是人在一定的观赏点上去欣赏景观,其主景、配景、前景、背景以及空间的层次搭配都是较为固定的。由于游人在景点处停留的时间相对较长,因此要求设计的景点必须品位较高,使人流连忘返。

总之,各种景点要以人的动、静和相对停留的空间为依据,做到既可开阔视野,又能提高艺术魅力的景观效果。

(4)透视观赏点

在进行景观设计时,由于不同的视点、视线、视距、视角以及景物本身具有的宽、深、层次效果,都会形成不同的局部空间和总体空间的透视关系,同时也会给观赏者带来不同的审美感受。所以,选择合适的位置、距离、尺寸等都是为了突出景观效果。

此外,景观所处位置的不同,其气候条件的影响下景观效果也不尽相同,如我们平时常说的"不识庐山真面目"就是在庐山这一特殊气候条件下人们的欣赏感受。可见透视效果是一个相对综合性的因素,在进行景观布局时应综合各方面进行分析。

**2. 现代景观建筑设计的空间布局**

(1)依山而建的景观建筑

通常在自然山岭的基础上进行重点加工,以建筑、山石、植物交错来分隔空间,建筑部分可随地形的变化而变化,使主体建筑更加突出而富山庄情趣。依山而建的建筑,在造型设计上可大可小,既可作为观赏景物的视点,也可作为景观序列的高潮,因此现代景观建筑的造型要求精美、有新意、能突出主题,如颐和园的佛香阁就是典范(见图 2-5)。

图 2-5　颐和园中的佛香阁

(2)依水而建的景观建筑

一般而言,现代景观建筑的立面向水面敞开,而且在构图上尽可能地贴近水面。由于水体的特殊性,临水建筑形象一般均为小巧玲珑、丰富多变的,造型也各不相同,如杭州西湖的平湖秋月和东莞粤晖园中的水舫,堪称成功典范(见图 2-6、图 2-7)。

图 2-6　杭州西湖的平湖秋月

图 2-7　粤晖园中的水舫

(3)平地而建的景观建筑

作为环境中的一种标志和点缀,平地而建的景观建筑造型相当别致,而且与周围环境浑然一体,突出建筑的色彩、纹理、质感、细部处理等。利用建筑的结构与构造特点吸引游人的目光,可以起到点睛的作用(见图2-8)。

图 2-8 某售楼处的点睛之作

**3. 现代景观建筑设计的组景**

在进行现代景观建筑设计时,首先要明确建筑在景观中的作用,以及建筑与其他景点之间的关系,根据其各自作用的不同,采用不同的组景方法。现代景观建筑设计中常用的组景方法有:主景与次景、抑景与扬景、对景与障景、夹景与框景、前景与背景、俯景与仰景、实景与虚景、内景与借景以及季节造景等。

(1)主次景物的营造

在造园的过程中,为了形成一定的空间感,必然有主景区和次景区之分。作为现代景观建筑设计四要素的山石、水体、植物和建筑,在设计的主次关系中的角色总是不断交换的,正确认识各自在设计中的地位与作用,处理好主次关系对整个现代景观建筑设计起到了提纲挈领的作用。在通常的设计中,突出主景的方法有:从地形上把主景的位置抬高或者降低,以突出其重要性;从形体上加大主景的体量,把主景放在视线的交点处,运用色彩或轴线的位置关系来突出等方法。总之,在设计时,使主景部位的处理方式与众不同即可达到设计的目的。同时必须巧妙地处理配景的陪衬作用,否则会造成喧宾夺主的弊病。现代景观建筑在景观设计中不仅仅承担主景的角色,在必要时也可以作为陪衬,作为景观建筑设计师必须充分认识这一点(见图2-9)。

**图 2-9　景观设计四要素的关系实例**

(2)景物的抑扬处理

在传统造园中利用地形、小品、建筑、植物等设置对景、障景、隔景的景观效果,形成封闭、半封闭、开敞交替的空间,达到明暗交错、豁然开朗的观景效果,现代景观建筑在这一方面起到了不容忽视的作用。在造景处理上有先抑后扬或者先扬后抑两种,往往都是利用建筑的围合与通透来达到此种艺术处理效果。如苏州园林的留园,就是采用透景引导的方法使游客由狭窄的入口到达开阔的园林空间,带来典型的、开阔舒适的赏景心情。又如北京颐和园的入口,就是利用台地的处理,通过蜿蜒转折的通道逐渐放开,形成心情上的封闭与开阔的反差,让开阔的空间更为开敞。

(3)俯景和仰景的处理

在对现代景观建筑的处理时,通过地形或建筑的高低处理,改变视点和景点的关系,从而达到俯景或仰景的效果。一般来说,俯景能让人有凌空感和占有欲,从而可以营造大中见小的感觉;而仰景能使游人产生高耸感,从而创造一种小中见大的感觉。对于园林建筑而言,不同的建筑类型需要营造不同的环境,因此,在需要庄严肃穆的时候,尽量采用仰景的处理方法,但需要营造轻松愉快的氛围时,尽量选用俯景的处理手法。

(4)夹景与框景的处理

由于人们对于现代景观建筑效果的享受除了受景观建筑本身的影响外,还将受到人的观赏距离和观赏角度的影响,因此,在中国景观建筑处理时,为了取得意想不到的景观效果,往往采用景观建筑的巧妙布置,从而营造框景、夹景等景观效果。所谓框景也就是在人们的观景视线前方适当的位置设置四周围框的建筑构件或其他小品,这样形成的景物好似被框在某一镜框中的效果。而夹景也就是在景物左右适当的位置设置障碍。这两种效果的共同点是,在设计时已经把观景点以及观景范围都做了一定的限制,从而达到具有层次的美感效果(见图 2-10)。

图 2-10　框景与漏景处理

### 2.1.5　现代景观建筑设计的其他要素

在现代景观设计中,环境的构成通常具有物质和精神两种表现形式,其中之一是物质材料的构成元素——地形(包括山石)、水体、绿化及建筑,甚至包括人。而精神的构成形式包含空间的主题与文脉,这是环境中的潜在内涵。任何一个环境都必须是这两种的统一体,任何只注重物质或只重视精神的创作都是经不起推敲和时间考验的,因此,在进行现代景观建筑设计学习之前,关于现代建筑中的地形(包括山石)、水体、绿化等学习和探索是非常有必要的。

**1. 现代景观建筑设计中的地形(包括山石)**

**1)地形的功能作用**

在地形设计中,应结合建筑环境的要求,首先必须考虑对原地形的利用,然后是对地形进行改造。正如《园冶》所论:"高方欲就亭台,低凹可开池沼。"也就是说,在现存地形的基础上,结合环境总体布局的要求,在适当的位置稍加改造即可形成园景。

地形可看成是有许多复杂坡面构成的多面体。地表的排水由坡面决定,在地形设计中应考虑地形与排水的关系,以及地形和排水对坡面稳定性的影响。应创造一定的地形起伏,合理分配分水线与汇水线,保证地形具有较好的自然排水条件,既可以及时排除雨水,又可避免修筑过多的人工排水沟渠(见图 2-11)。

**图 2-11　根据地形变化设计排水系统**

在地形设计中,地形坡度不仅关系到地表面的排水,还关系到人的活动、行走和车辆的行驶,在有景的地方可利用坡面设置可供坐憩、观景的台阶;将坡面平整后可做成主题、图案的模纹花坛或树篱坛,以获得较佳的视角;也可利用挡墙做成落水或水墙等水景,挡墙的墙面应充分利用,精心设计成与设计主题有关的叙事浮雕、图案,或从视觉角度入手,利用墙面的质感、色彩和光影效果来丰富景观。

**2) 地形的骨架作用**

地形是构成园林的基本骨架,建筑植物落水等景观常常都以地形作为依托。当地形本身有一定的起伏变化时,巧妙地建造建筑或小品往往能使视线在水平和竖直方向上都有变化。整组建筑若随山形高低错落,则能形成丰富的立面构图。也可借助地形的高差建造形如自然的水体。如在意大利的台地园中,自然起伏的地形十分有利于建造动态水景,兰台庄园的水台级就是利用自然起伏的地形建造的。

地形有作为植物景观的依托而产生起伏变化的林冠线的,有作为纪念性内容气氛的渲染手段而突出重要部位的,同时也有作为空间的分隔方式来划分不同性质空间的(见图 2-12)。

**3) 地形和视线**

地形的起伏不仅丰富了园林,而且还创造了不同的视线条件,形成了不同性格的空间。地形有凸地形与凹地形之分,它们在组织视线和创造空间上具有不同的作用。

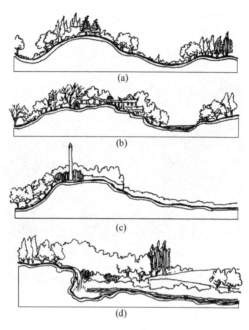

**图 2-12　地形的骨架作用**

(a)地形作为植物景观的依托；(b)地形作为园林建筑的依托；
(c)地形作为任食性内容气氛渲染的手段；(d)地形作为瀑布山涧等园林水景的依托

(1)凸地形和凹地形

若地形比周围环境的地形高，则视线开阔、具有延伸性，空间呈发散状，此类地形称为凸地形。它一方面可组织成为观景之地，另一方面因地形高处的景物往往突出、明显，又可组织成为造景之地，另外，当高处的景物达到一定体量时，还能产生一种控制感。

若地形比周围环境的地形低，则视线通常较封闭，且封闭程度决定于凹地形的标高、脊线范围、坡面角、树木和建筑高度等，空间呈积聚性，此类地形称为凹地形。在低凹处能聚集视线，可精心布置景物；坡面既可观景，也可布置景物(见图 2-13)。

**图 2-13　下沉式景观空间设计**

(2)地形的挡与引

地形的挡与引应尽可能利用现状地形,若不具备这种条件,则需权衡经济和造景重要性后采取措施。引导和阻挡既可是自然的也可是人工的(见图2-14)。

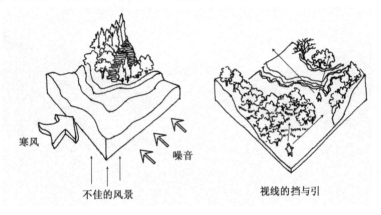

图 2-14 地形的挡与引

(3)地形的高差和视线

若地形具有一定的高差,则能起到阻挡视线和分隔空间的作用(见图2-15)。

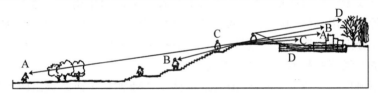

图 2-15 地形的高差和视线

(4)利用地形分割空间

利用地形可以有效、自然地划分空间,使之形成不同功能或景色特点的区域。在此基础上,若再借助于植物则能增加划分的效果和气势。利用地形划分空间应从功能、现状、地形条件和造景几方面考虑,它不仅是分隔空间的手段,而且还能获得空间大小对比的艺术效果(见图2-16)。

图 2-16 地形分割空间

(5)地形的背景作用

凸、凹地形的坡面均可作为景物的背景,但应处理好地形与景物、视距之间的关系,尽量通过视距的控制,保证景物和作为背景的地形之间有较好的构图关系(见图 2-17)。

图 2-17　地形的背景作用

**4) 地形造景**

地形不仅始终参与造景,而且在造景中起着决定性的作用。虽然地形始终在造景中起着骨架作用,但是地形本身的造景作用并不突出,常常处在基底和配景的位置上。为了充分发挥地形本身的造景作用,可将构成地形的地面作为一种设计造型要素。地形造景强调的是地形本身的景观作用。

在利用地形本身造景方面,法国风景园林设计师雅克·西蒙提出颇有新意的设想:用点状地形加强场所感,用线状地形创造连绵的空间,在一些小的场合下也能充分利用地形的起伏和变化(见图 2-18)。

图 2-18　地形的造景作用

**2. 现代景观建筑设计中的绿化**

绿化的主角是植物,而植物又是人们赖以生存、激起情趣、表现审美的物质条件,它的意义非比寻常,因为在几千年前我们居住的城市就被各类植物占据着,也就是说,在建筑诞生之前,植物构成了人的主要生存环境。美国当代杰出的景观建筑师瓦·查特汉姆曾经说:"伊甸园是大自然最初存在的完美形式,因为那时没有人类活动的刻意索取和破坏。"可见植物对人类的宗教、文化、艺术等方面的形成和发展产生过巨大的影响。在环境艺术设计中的绿地可分为公共绿地、专用绿地、街坊庭院绿地、街道绿地、园林生产防护绿地等五大类。就植物的种植而言,可分为地被植物、灌木、树、藤本植物、花木等几大类。在植物种植时,充分考虑不同植物的习性、环境气候条件的要求等因素,就能够创造出宜人的绿地小气候和观赏环境来。但对于现代景观建筑外环境的绿地设计,不能仅停留于见缝插绿的种植方式,而需针对植物种植形成的形态、空间、景观等方面进行分析和考虑,下面就这几方面进行介绍。

(1) 绿化的形态

绿化的形态有直线形、圆形、方形及不规则形状,有低矮的,也有高大的,在现代景观建筑周围种植植物应充分考虑其特点及用途。如沿建筑宽度方向种植,会形成水平延伸感,从而使建筑更加有宽阔感,沿垂直建筑方向种植会使建筑具有紧缩感。在办公大楼等建筑周围种植的应是挺拔而肃穆的乔木,在博物馆等周边种植的,应是观赏性的花草等灌木及地被等。总之,植物的形态可以是自己本身所形成,也可以通过人为的方式加以处理,如孤植、对植、丛植就是营造环境气氛、形成环境特点常用的种植方式。

孤植主要表现植物的个体美,在景观功能上有两个方面的作用,一是单纯作为构图艺术上的孤植树,二是作为景观中的庇荫和构图艺术相结合的孤植树。对于现代景观建筑而言,孤植树一般与环形建筑布置相结合,但不管是哪种作用或场所都要求孤植树的构图位置十分突出、体形特别巨大、树冠轮廓富于变化、树枝优美、开花繁茂、香味浓郁或叶色变化丰富。还要注意的是,孤植树并不意味着就只有一棵树,有时为了构图的需要,增强雄伟感,也将两棵或三棵同一品种的树种在一起,形成一个单元,效果如同一株丛生树干,也称之为孤植树。

对植树一般采用乔、灌木相互呼应和栽植在构图轴线两侧的形式,以作为配景之用。最简单的形式是用两棵单株乔、灌木分布在构图中轴线两侧,与中轴线垂直距离大的其相隔之间要近,距离小的要远,才能取得左右均衡、彼此呼应的效果。对称种植一般用于景观建筑的进出口处或是景点的主立面处,采用体形大小相同,树种统一,与对称轴线的垂直距离相等;而非对称种植树种也应统一,但体形大小和形态可以有所差异。对植也可以一侧种植一棵大树而另一侧种植同样的两棵小树,或种植组合成近似的两个树丛或树群。

丛植一般采用多株乔木和灌木组合而成,其组合不但要考虑群体美,同时也要考虑在统一构图中表现出的单株个体美,所以在植物的选择上类似于孤植树,但其观赏性却更加突出。因此,除了乔木、灌木配合种植之外,还可以与山石花卉相结合,或安置桌椅供游人休息之用,但一般来说,园路不能穿越树丛以避免破坏其完整性。由于丛植的树种及数量变化较大,所以其构图非常丰富,配置的基本形式包括两株配合、三株配合、四株配合、五株配合、六株以上配合。

(2) 绿化的景观性

建筑周边的绿化对建筑的环境景观性具有很大的意义。绿篱可以划分出多种不同性质的空间,在楼前划分出一个作为公共外环境与室内环境之间的过渡空间,属于半私密性的区域,在楼后可划分出完全隐蔽的私密空间。藤本植物可以攀爬在建筑立面上,可以在建筑外墙上形成整片的绿壁,也可起到改善室内环境的作用。而建筑前面适时种植各种花卉,既能体现主人的生活情趣,又能象征美的生活。绿化的景观性也必须结合树木和建筑考虑,高大的树木既能柔和建筑物轮廓,更能通过与建筑物形体对比和统一构成一系列优美的构图;低矮建筑配置高大树木会呈现出一种水平与垂直间的对比,低矮建筑配置低矮的树木,则体现了亲切舒缓的环境气氛(见图2-19、图2-20)。

图2-19 植物造景(一)

图2-20 植物造景(二)

**3. 现代景观建筑设计中的水体**

作为建筑外环境的基面要素之一的水体,在设计中的地位、作用都有着其特殊性,它不但支撑人的活动,同时也对人的活动有着一定的限制作用。而作为人类来说天生就具有亲水性,因此,水体成为建筑外环境中不可忽视的重要组成,在史记中的"海外仙山"的模式就是在环境中央有个池塘,象征着大海,在池塘中央有个小岛,象征仙山,以此来寄托人们对美好生活的向往之情。不同的水体与建筑物的组合可以产生不同的水态。随着人们对水体的进一步认识,现代景观建筑设计中的水体以各种形式存在着。水体按其形态特征可分为点状水体、线状水体、面状水体三大类。

(1) 水面的景观性

水面具有优越的景观性。首先,从颜色上,水体本身是无色透明的,但通过周围环境的变化或人为因素可以使之表现出无穷的色彩。如天空颜色的变化,可以演变出不同深度的颜色;通过加入一定的化学物质而改变水体的化学成分,从而呈现出不同的颜色;水体中加入灯光、水底加入不同的生物或铺设不同的底面材料,都可呈现不同的颜色。现代景观建筑的颜色不同,会使水中倒映出不同的颜色。其次,从水体状态上看,水体本身没有自己的形状,但周围环境的改变会使其表现出不同的状态。如对水体驳岸的形状改变,会使水面表现出圆形、方形、不规则的形状特征;对于水体底面的形状改变,可使水体表现出平面、坡面、起伏不同的形状特征;周围景观建筑形状的不同,也会倒影出不同的水体形状。再次,从水体的动静声响上,可使水体平静而悄无声息,也可在风的作用下使其泛起粼粼波涛而息息作响,或是在重力、潮汐的作用下发出长而湍急的水声,也可配以一定的音乐。由此可见,水体是可见、可听、可接触的,人们从变幻莫测的水景中可感受到自然界的无限情趣。

在现代建筑环境设计中,区域较大的水池多用于公园和小区规划设计中。而在住宅小区的规划中,设计者往往在中心活动空间布置较大的水域以丰富区域内的构图和景观,以美化和改善居住环境。区域较小的水池则较多用于庭院空间,成为室内外空间之间的纽带(见图 2-21)。

**图 2-21 景墙水景**

(2)水体的分隔性

不管是在建筑设计还是在环境广场设计中,水面都是构成空间的重要因素,它与众不同的特点是其只阻隔行为而不阻隔人们的视线,还可成为空间环境的焦点。在一个环境当中,不管水体有多狭窄或是多宽阔,它都可以让人感觉到空间的分隔性,抑或从喧闹到安静,抑或从公共到私密,总之,空间的变化非常明显。不管是在古老的庭院,还是现代的各类公众活动场所,水体都是最受欢迎的环境景观,具有强烈的凝聚力,也能反映城市空间和建筑风格的重要特征。而对于现代景观建筑而言,由于其本身的景观艺术特性,可以结合水体的景观特性灵活地进行建筑的分隔(见图 2-22)。

图 2-22 水体的分隔性

(3) 水体的亲水性

水,历来是人们生活环境中不可缺少的一部分,在现代建筑的景观环境中也尽可能创造出亲水环境,使人们在观水的同时,能获得不同的心理感受。平静的水面在日光或灯光的照射下呈现的粼粼波光让人有种温馨、回归自然的感觉,而人工的瀑布、喷泉又给人强烈的现代激情和活跃。在满足视觉享受的同时,人们还可以在湖面上泛舟、垂钓、嬉水,充分享受水体带给人类的乐趣。因此,在进行环境景观建筑的水景设计时,要尽可能做到使人近水、亲水,使水景更加具有吸引力。

## 2.2 现代景观建筑的设计技巧

任何一种建筑设计都是为了满足某种物质和精神的功能需要,采用一定的物质手段来组织特定的空间。现代景观建筑的设计也不例外,如果把现代景观建筑从精神性上进行分析,可以分为三个层次:最低层次与物质功能紧密相关,体现为安全感和舒适感;中间层次体现为美的形象,一般称之为美观,重在"悦目";最高层次是要求创造出某种情绪氛围,表现出一种有倾向性的情趣,富有表情和感染力,陶冶和震撼人的心灵,重在"赏心"。而现代景观建筑设计要达到赏心悦目的境界,必须从立意、选址、布局等方面考虑不同的方法和技巧,下面就这几方面进行分析。

### 2.2.1 现代景观建筑的立意

所谓立意,是设计者根据功能需要、艺术要求、环境条件等因素,经过综合考虑所产生出来的总的设计意图。现代景观建筑的创造,在营造一种有形、有色、有声、有味的环境设计中起着决定性的作用。因此,在进行设计之前,首先要确定设计的目的和意图,所谓"意在笔先"。设计的目的直接关系到设计过程中各种手段的采用,各种元素的运用。在一个景区或环境的设计中,如果没有立意,其构图就没有主心骨,元素的选用就没有一定的章法,各种元素的运用之间就会产生相互矛盾。因此,一个好的设计一般在立意的基础上要善于抓住设计中的主要矛盾,解决物质功能上材料、施工技术等方面的问题;再者,现代景观建筑不同于普通的建筑,在某些方面存在一定的同一性,为了创造不同的环境特点,设计时往往力求不落俗套。现代景观建筑格局不能千篇一律,更不能以统一的标准来进行衡量,一般来说,要因地制宜,根据不同环境的要求进行建筑样式的选择,在适宜处配以水、石、树、桥、廊等,营造一个与当地环境要求相适应的、具有特色的空间。

在我国的传统园林设计中,立意着重艺术意境的创造,寓情于景、触景生情、情景交融。这些造园特色受到宗教中对仙山楼阁的憧憬、诗人对田园生活的讴歌以及历代名家山水画寓情寄意的影响。许多园林建筑都注重诗情画意的创造,而这些效果通过组景时的形、声、色、味表达出来,为了使人们一目了然,往往在建筑或景区的命名中通过某种艺术意境的概括加以表达。因此,在现代景观建筑设计中,于立意的同时尽可能对所创造的意境进行文字性的概括,在良好意境的前提下,进行命名分析,使自己的设计意图不被歪曲。

现代景观建筑立意强调的是景观效果,突出意境创造,但同时也必须重视建筑功能,因此,可以说,立意的两个基本因素分别是建筑功能和自然环境条件。建筑功能也就是满足使用的要求,这里所说的使用既包括建筑本身的遮风避雨、驻足休憩等功能,同时建筑也可作为组景、点景的重要元素,因此,在设计时,应尽可能按照功能要求的不同进行布局。自然环境条件是另外一个组景立意因素,而对环境条件来说,首先是利用,接着是改造,最后才是为了满足景观需要进行创造。不论是在整体布局,还是在细部处理时,都应考虑环境的影响。《园冶》所反复强调的"景到随机""因景而成""得景随形"等原则,在古今环境景观建筑设计中都有一定的指导作用(见图2-23～图2-26)。

图2-23 承德避暑山庄

图 2-24 北戴河意境

图 2-25 华清池景观

图 2-26 鸟巢景观

### 2.2.2 现代景观建筑的选址

在现代景观建筑设计中,立意在组景中的作用至关重要,而在现代景观建筑设计四要素中,现代景观建筑设计是创造某种与大自然相协调的,并具有某种典型景观效果的空间塑造手段。在一个景观环境中,如果建筑物选址不当,不但不利于艺术意境的创造,也会因为降低观赏价值而削弱景观的效果。因此,从某种意义上来说,现代景观建筑本身造型的选择远远不及景观选址重要。在某些城市公园中,如果没有现成的风景资源可利用,或者景致较为平淡时,设计者就要凭借想象力进行改造、选址。

那么,怎样进行景观建筑设计中的选址活动呢?首先要注意地势的变化。我国的造园艺术在传统上历来喜爱山水的布置,在造园时结合环境条件,因地制宜地综合考虑建筑、堆山、引水、植物配置等问题,既要尽可能突出各种自然景物的特色,又要做到恰到好处。现代景观建筑的作用,一方面为了观景,即供游人驻足休息,眺望景色,这就要求满足观赏距离和角度这两个方面的要求,因此,在位置的选择时,应注意周围景物及环境条件;另一方面是为了点景,即点缀风景,在这一方面首先要注意景观建筑本身的外观造型、材料的质地颜色、大小尺寸等因素,其次要注意位置的影响,比如在山边沿、山坡底、山顶上、水面边、水中央还是平地等。有时为了满足需要,往往人工模拟天然的山形、水貌,做到神似逼真、提炼精辟。

在选址过程中,除了注意以上大的方面以外,还应注意一些细小的因素,对自然界的一草一木、一砖一石的巧妙利用,对于环境景观意境的创造都是很有用的。同时,可用借景、对景的手法将自然景物纳入到景观建筑所形成的画面中来,也可以专门为创造艺术意境而布置供人观赏的艺术性环境。

现代景观建筑在选址时还要了解有关的地理因素,如土壤、水质、风向、方位等,因为这些因素首先对绿化中植物的选择和布置方式,对建筑的尺寸和布局都有一定的影响。如有的植物喜阴而有的植物向阳,有的需要干燥有的喜欢潮湿,有的散发气味有的表现颜色等。通过上节的分析我们知道,植物对景观建筑的影响是较为明显的,阳光的阴影作用对建筑物的立面表现有较大的促进作用,风向直接影响建筑的朝向和窗户的位置及大小,而这些方面都会影响到建筑的造型和材料的选择。

### 2.2.3 现代景观建筑设计的布局要点

布局是现代景观建筑设计方法和技巧的中心问题,有了好的组景立意和场地环境条件,如果没有把各要素有机组合起来的章法,那么所形成的环境将会是杂乱无章、不堪入目的。因此,在建筑的布局上,不论是整个环境的总体规划还是局部建筑的处理,都是至关重要的。下面简要分析建筑布局的基本知识。

要了解布局,首先要理解布局,也就是人们对空间的处理。人们都生活在一定空间环境中,人们对环境的感受主要是通过视觉而引起的,因此,我们讨论的也主要是视觉空间。人们从一个视点横扫四周,视线被景物所阻挡而构成一定的视觉界面,这些视觉界面所限定的范围就是我们所能感受的空间,天、地两面也包括在界面之中,所以人们所感受的空间可以是近在咫尺,也可以是浩瀚无际的。

在环境设计中,空间要求能满足人们"可望、可行、可游、可居"的基本要求。

"要望要行"是不仅要有可供远眺的开放空间,又要有可供近赏的庭院空间,还要有游廊这样的连续空间,既要有静态的也要有动态的空间。

"要游要居"是要有室内空间和室外空间,既要有公共性的活动空间,又要有私密性的独立空间。

环境上的空间组合主要依据整体规划上的布局要求,按照具体环境的特点及使用功能上的需要而采取不同的方式。总的来说,建筑的布局具有以下要点。

**1. 满足功能要求**

现代景观建筑的布局首先要满足功能的要求,包括使用、交通、用地及景观要求等,必须因地制宜、综合考虑。如人员较为集中的主要景观建筑,一般应靠近景区的主干道,使出入较为方便,并应结合地形适当配以广场、体育馆等吸引大量观众的建筑,应与大型公园相结合以消除人员活动的单一性,但要单独分区以免混杂;对于需要安静的陈列室、阅览室等,一般要求布置在风景优美、环境幽静的地方;对亭、廊等点景游憩建筑,需选择环境优美、有景可赏,并能控制和装点风景的地方;对服务性建筑,一般要求设在交通便利的地方,但由于服务性建筑的功能性要求较高,因此,建筑的艺术性相对会有所降低,一般不占据景区的主要景点位置;厕所应均匀分布,而且既要隐蔽,又要方便使用;管理性建筑不为游人直接使用,一般设有单独的出入口,而且布置在较为隐蔽的地方。

**2. 满足造景的需要**

在造景和使用功能之间,不同类型的现代景观建筑有着不同的处理原则,概括起来有以下几个方面。

① 对于有明显观赏要求的,它们的功能应从属于游览观赏,也就是说,设计的侧重点应放在景观建筑的造型等方面,而不在乎其使用的功能性。

② 对于有明显使用功能要求的,其游览性应从属于功能性,换句话说,就是在设计时应重点考虑建筑的使用要求。

③ 对于既要求有使用功能又要求有游览观赏性的景观建筑,则在满足功能要求的前提下,尽可能创造优美的游览观赏环境。

**3. 使室内外相互渗透、与自然环境有机结合**

在满足不同要求的前提下,通过空间与空间之间、内部与外部之间的不同组合,形成各种类型的合理空间。

① 集中型。以一个空间为主导中心,在周围布置一系列的与之相关联的建筑空间。其组合特点是以自然景物来衬托建筑物,建筑物是空间的主体。

② 线型。环境空间的组合也像艺术作品一样,通过安排序幕、主要情节、次要情节、重点、高潮和尾声各环节来突出主题,使各部分内容在一条主线上跳跃(见图2-27)。

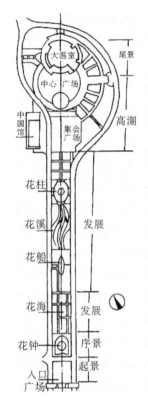

**图 2-27 昆明园博的线性布局**

③ 放射型。从一个中心出发,向各个方向扩展的形式(见图 2-28)。

**图 2-28 广州的云台花园**

④ 集合型。根据位置接近、共同的视觉特征或共同的关系来组合空间。

⑤ 格子型。一般对于建筑群而言,在景观建筑的中间穿插有一定的其他元素和景物布置。

**4. 多种构图手法的应用**

现代景观建筑的布局为了达到多样统一和在有限空间小中见大的艺术效果,通常所用的构图手法有空间的对比、空间的围与透和空间的序列。

(1) 空间的对比

空间的对比是达到多样统一、取得生动协调效果的重要手段。缺乏对比的空间组合,即使有所变化,仍然容易造成过于平淡的局面。对比是把两种具有显著差别的因素通过相互衬托从而能够突出各自的特点,同时强调主从和重点关系的设计手法。"万绿丛中一点红"就充分说明了这一道理,绿和红是对比,万和一也是对比,只绿不红则没有色彩上的变化,使人的视觉上无法协调,从而春色的动人感没有这么强烈;如果红绿对半而没有万和一的对比,则会过于呆板。由此可见,对比虽然只是环境设计中某些细小地方的差异,产生的艺术效果却是惊人的。

对比的方法通常包括空间大小的对比、空间虚实的对比、次要空间与主要空间的对比、幽深空间与开阔空间的对比、空间形体上的对比、建筑空间与自然空间的对比,以小衬大或以大衬小等。人们愿意从一个小空间中去看大空间,愿意从一个安定的、受到庇护的小环境去观赏大空间中动态的、变化着的景物。这样从宏伟、壮阔的大空间,到范围较小的小园林空间,再到精巧、安定、很适合人的小尺度空间,逐层过渡,层层对比,形成不同特色的建筑空间。

建筑外环境的空间在大小、开合、虚实、形体上的对比手法经常互相结合、交叉运用,空间有变法、有层次、有深度,使建筑空间与自然空间有很好的结合与过渡,以符合环境的使用功能与造景两方面的需要。

(2) 空间的围与透

空间上围与透的重点放在建筑的外部空间与群体的组合上。各种空间在大小、形状、性质上分割、渗透、变化。空间围与透的手段多种多样,空间的塑造与环境的意境相结合,空间的层次与组合适应着人们的观赏过程与心理上的需要。具体的处理方法如下所述。

① 当一组建筑物的外部环境中无景可借,或功能上需要隔离,而内部庭院空间又要求安静、闲适时,一般采取外围内透的处理手法,把人的视线与注意力集中到庭院空间的内部来。

② 当一组建筑物的外部空间处于自然景色的包围之中,而以观景游览为主要目的时,通常采取"以透为主、以围为辅"的空间处理方式。

③ 当具有不同景观特色的庭院空间结合在一起时,在空间的边界上需要有所划分,但彼此的景色又要有所借鉴,因此空间上应该有所渗透,因而形成"有围有透、围透结合"的处理方式。

(3) 空间序列

将一系列不同形状、不同性质的空间按一定的观赏路线有秩序地贯通穿插组合起来,就形成了空间上的序列。人们一方面保持着对前一个空间的记忆,一方面又怀着对下一个空间的期待,由局部的片断而逐步叠加,汇集成为一种整体的视觉感受。其主要表现有对称规则的形式,不对称不规整的形式。

## 2.3 现代景观建筑设计的成果事例三

现代景观建筑设计的成果事例三见附录 C。

## 2.4 课题设计

**【本章要点】**

2.1 本章主要讲述景观建筑设计的方法和技巧问题。通过对比传统园林建筑设计和现代景观建筑设计,找出现代景观建筑设计的一般规律与思路,以及设计的原则、基本步骤。

2.2 力求通过本章的学习,从传统园林建筑设计方法中找寻现代景观建筑设计的新思路。

2.3 本章建议 12 学时。

**【思考和练习】**

2.1 题目:景观建筑作品分析。

2.2 设计任务与要求:

2.2.1 对指定的景观建筑设计作品进行分析,理解立意、选址的精神实质,并分析作品的真正内涵和活力所在;

2.2.2 要求运用本章所学的基本方法、原则和思路进行设计分析,表述要采用专业术语,能挖掘设计作品的实质。

2.3 作业成果要求:进行现代景观建筑及其周围环境的解体分析,总结出论述性的文章,字数不少于 800 字,同时要提出新的观点或论点。

# 3 现代景观建筑设计的表现形式

## 3.1 现代景观建筑设计的制图基础

### 3.1.1 手工绘图的工具和仪器

制图就是把具体或想象的物体,用一定的图线在纸上形象地表现出来的过程。这种按照一定标准绘制出来的图形是比语言文字更能反映设计要求的技术文件。

设计制图的方法一般有两种:一种是手工绘图,一种是电脑绘图。这里主要讲述手工绘图的方法以及工具、仪器的使用方法。"工欲善其事,必先利其器",必须充分了解绘图工具、仪器的构造性能及特点,才能提高绘图质量和绘图速度。

**1. 图板**

一般用于制图的图板,其板面一定要平整,且四周镶有边框,边框应平直,便于丁字尺在边框上滑行,图板四角均为90°直角(见表3-1)。

表 3-1 图板规格与尺寸　　　　　　　　　(单位:mm)

| 图板规格 | 0 | 1 | 2 | 3 |
| --- | --- | --- | --- | --- |
| 图板尺寸 | 950×1220 | 610×920 | 460×610 | 305×460 |

**2. 丁字尺**

丁字尺由相互垂直的尺头和尺身两部分组成,其作用主要是用来画水平线,配上三角板还可以画垂直线和斜线。使用时将尺头紧靠图板左侧边框,自上而下画出水平线段。

**3. 比例尺**

实际的物体一般比图纸大得多,应根据实际需要和图纸的大小,选用适当的比例将图形缩小。比例尺是用于便捷地绘出不同比例的线段长度的工具。常用的比例尺为三棱比例尺,上有六种刻度。画图时可按所需比例,用尺上标注的刻度直接量取。

**4. 绘图用笔**

针管笔——针管笔是专门用于绘制图纸墨线的工具,能快捷、流畅、均匀地绘制线条。使用时用力均匀,速度平稳。应注意保养工具,定期清洗。笔尖的口径有0.1~1.2 mm多种规格,可视线型粗细而选用。

铅笔——画图用的铅笔是专用的绘图铅笔,有软硬之分,分别有 B~6B、H~

6H,以及HB等型号。B型铅笔随着数字的增大,铅芯越来越软;H型铅笔随着数字的增大,铅芯越来越硬。画底图时应用H、2H、3H型的铅笔,加深时宜用B、2B、3B型的铅笔,写字宜用HB型的铅笔。

**5. 模板**

为了提高绘图质量和效率,将图样上常用的符号、图形刻在有机玻璃上,做成模板以方便使用。模板的种类很多,如建筑模板、家具模板、结构模板、给排水模板等。

**6. 曲线板**

曲线板用于绘制不规则曲线,保证线条流畅准确。其用法是先将非圆曲线上的一系列点用铅笔轻轻地勾画出均匀、圆滑的稿线,然后将曲线板上能与稿线重合的一段描绘下来,匀滑过渡。如果绘制的曲线两端是直线,应先绘制曲线,再绘制直线。

**7. 蛇尺**

用曲线板、三角板无法绘制的任意曲线,可用蛇尺绘制。蛇尺可根据需要弯曲。

**8. 绘图工具**

常用绘图工具有圆规、分规、鸭嘴笔等。

**9. 其他**

绘制透视效果图时,常用工具有水性和油性马克笔,彩色铅笔,美工笔,水彩、水粉笔,颜料,各种型号的油性签字笔,水彩、水粉纸,白卡纸等。其他绘图用品如三角板和丁字尺,配合使用可以画出垂直线和特殊角度的斜线;制图专用的橡皮擦,质地细,不易损坏图纸;擦线板,用来擦去图中多余的线条;卷尺,用来测量现场的尺寸。

### 3.1.2 制图的基本标准

建筑图纸是工程专业中的技术语言。对于图纸幅面的大小,图样的内容、格式、画法,尺寸的标注、技术要求以及图例符号等,国家都有统一的规定,这就是"建筑制图标准"。

下面分别介绍建筑制图标准中常用的一些内容和规定。

**1. 图纸幅面、标题栏及会签栏**

为了便于图纸装订、保管及合理利用,对图纸幅面大小规定了五种不同的尺寸(见表3-2)。

表3-2 幅面及图框尺寸 （单位:mm）

| 尺寸代号 | 幅面代号 | | | | |
|---|---|---|---|---|---|
| | A0 | A1 | A2 | A3 | A4 |
| B×L | 841×1189 | 594×841 | 420×594 | 297×420 | 210×297 |
| c | 10 | | | 5 | |
| a | 25 | | | | |

一般图纸的短边不能加长,长边可以加长,但应符合规定要求(见表3-3)。

表 3-3　图纸长边加长尺寸　　　　　　　　　（单位：mm）

| 幅面代号 | 长边尺寸 | 长边加长后尺寸 |
| --- | --- | --- |
| A0 | 1189 | 1338、1487、1635、1784、1932、2081 |
| A1 | 841 | 1051、1261、1472、1682、1892、2102 |
| A2 | 594 | 743、892、1041、1189、1338、1487 |
| A3 | 420 | 631、841、1051、1261、1472、1682 |

以图纸的短边作垂直边称为横式，以短边作水平边称为立式。对图纸幅面中的尺寸代号、图标及会签栏的位置都有明确的规定。

每张图纸都应有标题栏。标题栏中应注明图纸名称、设计单位名称、设计人及工程或项目负责人名称、图纸设计的日期及图号等内容。标题栏的设计常常能以一个设计单位的标志性面貌出现，所以，它的风格和格式越来越受到重视（见图3-1、图3-2、表3-4）。

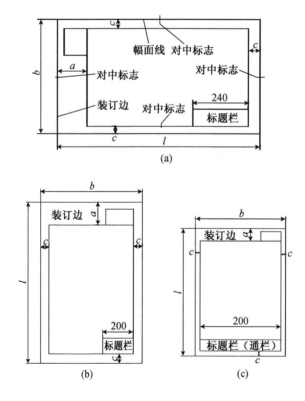

图 3-1　标题栏在图纸中的摆放位置

# 3 现代景观建筑设计的表现形式

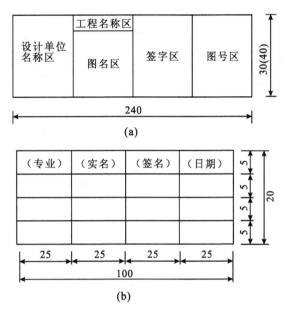

图 3-2 标题栏内容

表 3-4 图框线、标题栏的线宽 （单位：mm）

| 幅面代号 | 图框线 | 标题栏线 | |
|---|---|---|---|
| | | 外框线 | 分格线 |
| A0、A1 | 1.4 | 0.7 | 0.35 |
| A2、A3、A4 | 1.0 | 0.7 | 0.35 |

**2. 图线**

图纸上所画的图形是由各种不同的图线组成的。在《房屋建筑制图统一标准》中，对各种图线的名称、线型、线宽和用途作了明确的规定，不同的线型代表不同的意义和侧重点（见表 3-5）。

表 3-5 线型 （单位：mm）

| 名称 | | 线型 | 线宽 | 一般用途 |
|---|---|---|---|---|
| 实线 | 粗 | ——— | b | 主要可见轮廓线 |
| | 中 | ——— | 0.5b | 可见轮廓线、尺寸起止符号 |
| | 细 | ——— | 0.25b | 可见轮廓线、图例线、尺寸线和尺寸界线 |
| 虚线 | 粗 | - - - - | b | 见有关专业制图标准 |
| | 中 | - - - - - | 0.5b | 不可见轮廓线 |
| | 细 | - - - - - - | 0.25b | 不可见轮廓线、图例线等 |

续表

| 名称 | | 线型 | 线宽 | 一般用途 |
|---|---|---|---|---|
| 单点长画线 | 粗 | ▬ ▬ ▬ ▬ | b | 见有关专业制图标准 |
| | 中 | ━ ━ ━ ━ | 0.5b | 见有关专业制图标准 |
| | 细 | ─ ─ ─ ─ | 0.25b | 中心线、对称线等 |
| 双点长画线 | 粗 | ▬ ‥ ▬ ‥ ▬ | b | 见有关专业制图标准 |
| | 中 | ━ ‥ ━ ‥ ━ | 0.5b | 见有关专业制图标准 |
| | 细 | ─ ‥ ─ ‥ ─ | 025b | 假想轮廓线、成型前原始轮廓线 |
| 波浪线 | | ∼∼∼∼∼ | 0.25b | 断开界线 |
| 折断线 | | ─/\─/\─ | 0.25b | 断开界线 |

表中线宽互成一定的比例，b 究竟取多大，可根据图形的大小而定，若大图就选大值，否则就选小值（见表 3-6）。

表 3-6 线宽的比例

| 线宽比 | 线宽组 | | | | | |
|---|---|---|---|---|---|---|
| b | 2.0 | 1.4 | 1.0 | 0.7 | 0.5 | 0.35 |
| 0.5b | 1.0 | 0.7 | 0.5 | 0.35 | 0.25 | 0.18 |
| 0.25b | 0.5 | 0.35 | 0.25 | 0.18 | — | — |

画图时应该注意以下几个问题。

① 同一张图纸中，各相同比例的图样应选用相同的线宽组。

② 两条平行线的最小间距，不宜小于图中粗线的宽度，即不宜小于 0.7 mm。

③ 同一张图纸中，虚线、点画线和双点画线的线段长度及间隔大小应各自相等。

④ 如图形较小，画点画线和双点画线有困难时，可用细实线代替。

⑤ 点画线或双点画线的首尾两端应是线段而不是点，点画线与点画线，或与其他图线相交时应交于线段处。

⑥ 虚线与虚线，或虚线与其他图线相交时应交于线段处。虚线是实线的延长线时应留空隙，不得与实线相接。

⑦ 折断线直线间的符号和波浪线都徒手画出。折断线应通过被折断图形的全部，其两端各画出 2～3 mm。

⑧ 图线不得与文字、数字或符号重叠、混淆，当不可避免时，应首先保证文字等的清晰。

**3．工程字体**

① 图纸以图形为主，但除了图形还要有各种符号、字母代号、尺寸数字及文字说明等。各种字体应从左到右横向书写，并注意标点符号的正确使用。

② 图纸上最常用的汉字是长仿宋体,因为这种字体笔画清晰,容易辨认。字高与字宽的比例大约为 3∶2。为保证字体大小一致、整齐匀称,无论是平时练习,还是写在图纸上,都应按字的大小先打好格子再书写。

③ 数字与字母,宜采用向右倾斜的斜体字。

④ 无论用何种字体,其所写的文字与数字必须要看得清晰。

⑤ 字体均应笔画清晰、字体端正、排列整齐,不可写连笔字,也不得随意涂改。

⑥ 标点符号应清楚正确,否则不仅影响图纸质量,而且容易引起误解或读数错误,甚至造成工程事故。

⑦《建筑制图标准》规定汉字用长仿宋体,并采用国家公布的简化字。

长仿宋字的特点是:笔画挺直、粗细一致、结构匀称、便于书写。长仿宋字的字高(即字号)应从下列字高系列中选用:2.5、3.5、5、7、10、14、20 mm(见表 3-7)。

表 3-7　长仿宋字高宽关系　　　　　　　　　　(单位:mm)

| 字高(号) | 20 | 14 | 10 | 7 | 5 | 3.5 |
| --- | --- | --- | --- | --- | --- | --- |
| 字宽 | 14 | 10 | 7 | 5 | 3.5 | 2.5 |

汉语拼音字母、阿拉伯数字、罗马数字的书写应写成斜体字,其斜度应从字的中垂线顺时针向右倾斜 15°,即字的中垂线与底线成 75°角。斜体字的高度与宽度应与相应的直体字相等(见表 3-8)。

表 3-8　字体的书写形式

| 长仿宋 | 排列整齐字体端正笔画清晰注释 |
| --- | --- |
| 拼音字母 | ABCDEFGHIGKLMNOP |
| 斜体拼音字母 | *ABCDEFGHIGKLMNOP* |
| 数字 | 1234567890 |
| 斜体数字 | *1234567890* |

**4. 比例**

图样的比例是指图形与实物相对应的线性尺寸之比。比例的大小是指其比值的大小,如 1∶50 大于 1∶100。比例通常注写在图名的右方,字的基准线应取平,字高比图名应小一号或二号(见表 3-9)。

表 3-9　绘图所用的比例

| 常用比例 | 1∶1,1∶2,1∶5,1∶20,1∶50,1∶100,1∶200,1∶500 |
| --- | --- |
| 可用比例 | 1∶3,1∶15,1∶25,1∶30,1∶40,1∶150,1∶250,1∶300,1∶400 |

注:平面图 1∶100。

**5. 尺寸标注**

图形表示物体的形状,尺寸表示物体的大小。在建筑工程图中,除了画出建筑物或构筑物等的形状外,还必须标注完整的实际尺寸,以作为施工的依据(见图 3-3)。

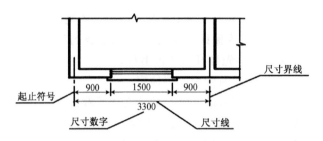

图 3-3　图纸的尺寸标注

图样上标注的尺寸由尺寸线、尺寸界线、尺寸起止符号、尺寸数字等组成,被称为尺寸的四要素。

(1)尺寸线

尺寸线为被注长度的度量线,表示尺寸的方向。

① 尺寸线采用细实线。

② 尺寸线不宜超出尺寸界线。

③ 中心线、尺寸界线以及其他任何图线都不得用作尺寸线。

④ 线性尺寸的尺寸线必须与被标注的长度方向平行。

⑤ 尺寸线与被标注的轮廓线的间隔,以及互相平行的两尺寸线的间隔一般为 6~10 mm。

(2)尺寸界线

尺寸界线是被注长度的界限线,表示尺寸的范围。

① 尺寸界线采用细实线。

② 一般情况下,线性尺寸的尺寸界线垂直于尺寸线,并超出尺寸线约 2 mm。

③ 当受地方限制或尺寸标注困难时,允许斜着引出尺寸界线来标注。

④ 尺寸界线不宜与需要标注尺寸的轮廓线相接,应留出不小于 2 mm 的间隙。当连续标注尺寸时,中间的尺寸界线可以画得较短。

⑤ 图形的轮廓线以及中心线都允许用作尺寸。

⑥ 在尺寸线互相平行的尺寸标注中,应把较小的尺寸标注在靠近被标注的轮廓线旁边,较大的尺寸则标注在较小尺寸的外侧,以避免较小尺寸的尺寸界线与较大尺寸的尺寸界线相交。

(3)尺寸起止符号

尺寸线与尺寸界线相接处为尺寸的起止点。

① 在起止点上应画出尺寸起止符号,一般为 45°倾斜的细短线或中粗短线,其倾斜方向为尺寸线逆时针旋转 45°角。其长度一般为 2~3 mm;当画比例较大的图形时,其长度约为图形粗实线宽度(b)的 5 倍。在同一张图纸上的这种 45°倾斜短线的宽度和长度应保持一致。

② 当在斜着引出的尺寸界线上画出 45°倾斜短线不清时,可以画上箭头为尺寸起止符号。

③ 当利用计算机绘图时,其尺寸箭头可不涂黑,箭头线与其尺寸线相等。在同一张图纸或同一图形中,尺寸箭头的大小应画得一致。

④ 当相邻的尺寸界线的间隔都很小时,尺寸起止符号可以采用小圆点。

(4)尺寸数字

工程图上标注的尺寸数字是物体的实际尺寸。

① 尺寸数字与绘图所用的比例无关。

② 建筑工程图上标注的尺寸数字,除标高及总平面图以 m 为单位外,其余都以 mm 为单位。因此,建筑工程图上的尺寸数字无需注写单位。

③ 尺寸线的方向有水平、竖直、倾斜三种,注写尺寸数字的读数不得倒写,否则会使人错认,如数字 86 将会误读为 98(见图 3-4)。

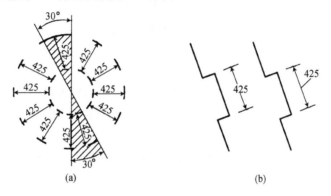

图 3-4　尺寸线的方向

④ 对于靠近竖直方向向左或向右 30°范围内的倾斜尺寸,应从左方读数的方向来注写尺寸数字。

⑤ 任何图线不得穿插尺寸数字,当不能避免时,必须将此图线断开。尺寸数字应尽可能标注在图形轮廓线以外,如确需标注在图形轮廓线以内,则必须把标注处的其他图线断开,以保证所注尺寸数字的清晰和完整。

⑥ 尺寸数字应尽量注写在尺寸线的上方中部,离尺寸线应不大于 1 mm。当尺寸界线的间隔太小,注写尺寸数字的位置不够时,最外边的尺寸数字可以注写在尺寸界线的外侧,中间的尺寸数字可与相邻的数字错开注写,必要时也可以引出注写(见图 3-5)。

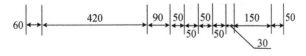

图 3-5　尺寸数字的标注位置

(5)半径、直径、球的尺寸

① 半径尺寸线应一端指向圆弧,另一端通向圆心或对准圆心。直径尺寸线则通过圆心或对准圆心(见图 3-6)。

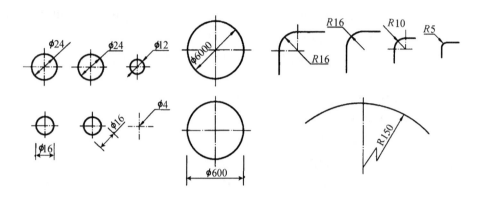

图 3-6　半径、直径的尺寸标注

② 标注半径、直径或球的尺寸时,尺寸线应画上箭头。

③ 半径数字、直径数字仍要沿着半径尺寸线或直径尺寸线来注写。当图形较小,注写尺寸数字及符号的地方不够时,也可以引出注写。

④ 半径数字前应加写拉丁字母 R,直径数字前应加写直径符号 $\phi$。注写球的半径时,在半径代号 R 前再加写拉丁字母 S;注写球的直径时,在直径符号 $\phi$ 前也再加写拉丁字母 S。

⑤ 当更大圆弧的圆心在有限的地方外时,则应对准圆心画一折线状的或者断开的半径尺寸线。

(6) 其他尺寸注法举例

以上阐明的是标注尺寸的一些基本规则。但在建筑工程制图中,对于尺寸的标注还会有各种各样的情况,只有在熟悉和严格遵守国家标准《建筑制图标准》(附条文说明)(GB/T 50104—2010)的基础上,参考和研究有关资料,才能针对具体情况获得正确的尺寸注法。对于其他的尺寸注法,现举例如下。

① 标注坡度时,应沿坡度画上指向下坡的箭头(也可以画成半箭头),在箭头的一侧或一端注写坡度数字(百分数、比例、小数均可)(见图 3-7)。

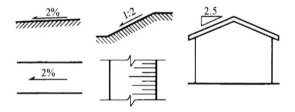

图 3-7　坡度的标注

② 对于较多相等间距的连续尺寸,可以标注成乘积形式,但第一个间距必须标注,如 100 及 24×100(2400)的注法。如构件较长,则可把中间相同部分截去一段而移近画出,并画上断开界线。

③ 对于桁架式结构、钢筋以及管线等单线图,可把长度尺寸数字相应地沿着杆件或线路一侧来注写,尺寸数字的读数方向仍按前面的规则来注写(见图3-8)。

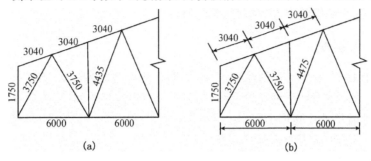

图3-8 单线图中的尺寸标注
(a)正确注写;(b)错误注写

④ 对于只画一半或一半多一点的对称图形,当需要标注整体尺寸时,尺寸线的一端应画上尺寸起止符号,另一端略超过对称中心线,并在对称中心线上画上对称符号。总体尺寸的标注位置,应尽量注写在对称中心线处。

⑤ 薄壁(板)厚度的标注(见图3-9)。

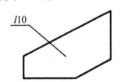

图3-9 薄壁(板)厚度的标注

⑥ 角度、弧长、弦长的尺寸标注法(见图3-10)。

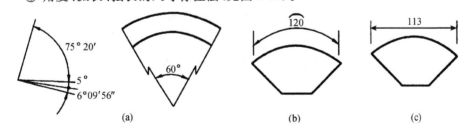

图3-10 角度、弧长、弦长的尺寸标注法
(a)角度标注法;(b)弧长标注法;(c)弦长标注法

a. 标注角度时,角度的两边作为尺寸界线,尺寸线画成圆弧,其圆心就是该角度的顶点。

b. 标注圆弧的弧长时,其尺寸线应是该圆弧的同心圆弧,尺寸界线则垂直于该圆弧的弦。

c. 标注圆弧的弦长时,其尺寸线应是平行于该弦的直线,尺寸界线则垂直于该弦。

d. 标注角度或弧长的圆弧尺寸线,在它的起止点处应画上尺寸箭头。

e. 角度数字一律水平注写,并在数字的右上角相应画上表示角度单位的度、分、秒的符号。弧长数字的上方,应加画弧的符号。

### 3.1.3 几何制图

几何制图就是利用简单的绘图工具,依据几何原理准确地绘制图样。在景观设计的图纸上很多装饰做法都是由直线、圆弧线以及曲线形成的,掌握基本的几何作图方法,有助于提高绘图速度和精确度。

以下介绍几种常用的几何作图方法。

**1. 等分直线**

(1)过已知点作与直线平行的已知直线

① 已知线段 AB、点 C;② 用 a 三角板一边紧靠 AB,b 三角板一边紧靠 a 三角板的另一边;③ 按住 b 三角板不动,推动 a 三角板到点 C,过点 C 画直线,即为所求直线。

(2)用平行线法任意等分线段(见图 3-11)

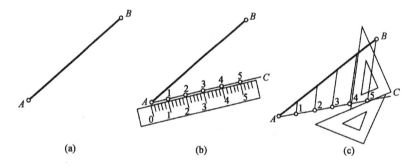

**图 3-11 用平行线法任意等分线段**

① 已知直线 AB;② 过点 A 做任意直线 AC,用直尺在 AC 上从点 A 起截取等长的五等分,得点 1、2、3、4、5;③ 连 B5,然后过其他点分别作直线平行于 B5,交 AB 于四个等分点,即为所求。

(3)任意等分两平行线间的距离(见图 3-12)

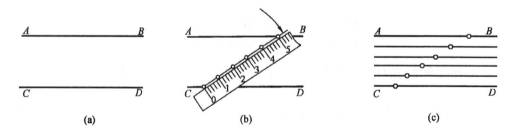

**图 3-12 任意等分两平行线间的距离**

① 已知平行线 $AB$ 和 $CD$；② 置直尺的 0 点于 $CD$ 上，摆动尺身，使刻度 5 落在 $AB$ 上，截得 1、2、3、4 各等分点；③ 过各等分点作 $AB$（或 $CD$）的平行线，即为所求。

**2. 等分圆周并作正多边形**

（1）等分圆周并作圆内接正五边形（见图 3-13）

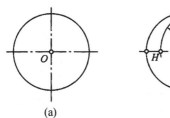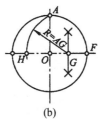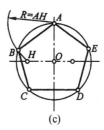

图 3-13 等分圆周长并作正多边形

① 已知圆 $O$；② 作出半径 $OF$ 的等分点 $G$，以 $G$ 为圆心，$GA$ 为半径作圆弧，交直径于 $H$；③ 以 $AH$ 为半径，分圆周为五等分，依次连接 $A$、$B$、$C$、$D$、$E$ 各点，即为所求。

（2）等分圆周并作圆内接正六边形（见图 3-14）

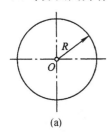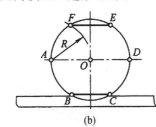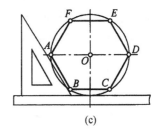

图 3-14 等分圆周并作圆内接正六边形

① 已知半径为 $R$ 的圆；② 用 $R$ 划分圆周为六等分；③ 顺序将各等分点连接，即为所求。

（3）等分圆周并作圆内接 $n$ 边形（见图 3-15）

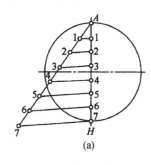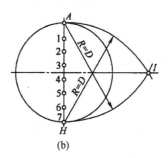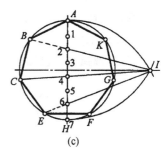

图 3-15 等分圆周并作圆内接 $n$ 边形

① 已知直径为 $D$ 的圆及中心线与圆周的交点 $A$、$H$，将 $AH$ 等分为 $n$ 等分，得 1，2，3，4…$n$ 等点（本例为七等分）；② 以 $A$（或 $H$）为圆心，$D$ 为半径作弧，与中心的延长线交

于点 $I$；③ 连接 $I$ 及 $AH$ 上的偶数点，并延长该连接与圆弧相交即得等分点 $B$、$C$、$E$，在另一半圆上对称作出 $F$、$G$、$K$，依次连接各点，即得圆内接正七边形 $ABC$ 及 $FGK$。

### 3. 圆弧连接

(1) 作圆弧与相交两直线连接（见图 3-16）

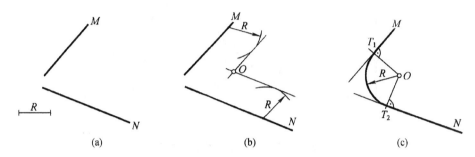

**图 3-16　作圆弧与相交两直线连接**

① 已知半径 $R$ 和相交二直线 $M$、$N$；② 分别作出与 $M$、$N$ 平行而相距为 $R$ 的二直线，交点 $O$ 即所求圆弧的圆心；③ 过点 $O$ 分别作 $M$ 和 $N$ 的垂线，垂足 $T_1$ 和 $T_2$ 即所求的切点。以 $O$ 为圆心，$R$ 为半径，作圆弧 $T_1T_2$，即为所求。

(2) 圆弧与直线和圆弧连接（见图 3-17）

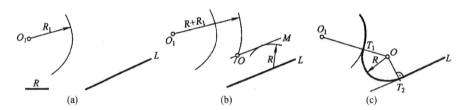

**图 3-17　圆弧与直线和圆弧连接**

① 已知直线 $L$、半径为 $R_1$ 的圆弧和连接圆弧的半径 $R$；② 作直线 $M$ 平行于 $L$ 且相距为 $R$，又以 $O_1$ 为圆心，$R+R_1$ 为半径作圆弧，交直线 $M$ 于点 $O$；③ 连 $OO_1$ 交已知圆弧于切点 $T_1$，又作 $OT_2$ 垂直于 $L$，得另一切点 $T_2$。以 $O$ 为圆心，$R$ 为半径，作 $T_1T_2$，即为所求。

(3) 作圆弧与两已知圆弧内切连接（见图 3-18）

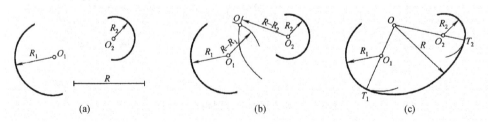

**图 3-18　作圆弧与两已知圆弧内切连接**

① 已知内切圆弧的半径 $R$ 和半径为 $R_1$、$R_2$ 的两已知圆弧；② 以 $O_1$ 为圆心，$R-R_1$ 为半径作圆弧，又以 $O_2$ 为圆心，$R-R_2$ 为半径作圆弧，两弧相交于点 $O$；③ 延长 $OO_1$，交圆弧 $O_1$ 于切点 $T_1$，延长 $OO_2$，交圆弧 $O_2$ 于切点 $T_2$，以 $O$ 为圆心，$R$ 为半径，作 $T_1T_2$，即为所求。

(4) 作圆弧与两已知圆弧外切连接（见图 3-19）

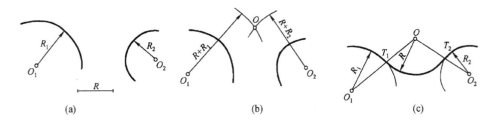

图 3-19　作圆弧与两已知圆弧外切连接

① 已知外切圆弧的半径 $R$ 和半径为 $R_1$、$R_2$ 的两已知圆弧；② 以 $O_1$ 为圆心，$R+R_1$ 为半径作圆弧，又以 $O_2$ 为圆心，$R+R_2$ 为半径作圆弧，两弧相交于点 $O$；③ 连 $OO_1$，交圆弧 $O_1$ 于切点 $T_1$，连 $OO_2$，交圆弧 $O_2$ 于切点 $T_2$，以 $O$ 为圆心，$R$ 为半径，作 $T_1T_2$，即为所求。

### 3.1.4　绘图的方法和步骤

为了保证绘图质量，提高绘图速度，除了正确使用绘图工具和仪器，严格遵守国家制图标准外，还应注意绘图的方法和步骤。

**1. 绘图前的准备工作**

① 将图板、丁字尺、三角板、画图桌等绘图仪器及工具擦干净。
② 根据绘图的数量、内容及其大小，选定比例，确定图幅。
③ 固定图纸，一般固定在板的左下方。
④ 把必需的绘图工具及仪器放在适当的位置，然后开始绘图。

**2. 绘制底稿**

① 各种正式图都要先作底稿，再用较硬的铅笔如 2H 等画出清晰稿线。
② 先画图框和标题栏，然后布图，将所画的图均匀布置在整张图纸上（按采用的比例和预留标注尺寸、文字注释、各图间的净间隔等所需的位置同时考虑），使各图疏密匀称，既不拥挤也不偏向一边。
③ 画图时应根据所画图形的类别考虑先画哪一个图形或哪一组图，一张图纸上有多个图时可以先独立画一个图，也可几个图同时画（最好有相互联系的图才可以）。
④ 绘制各图的轻细铅笔稿线，包括画上尺寸线、尺寸界线、尺寸起止符号等稿线，以及用铅笔注写尺寸数字等。
⑤ 若图中有轴线或中心线，应先画轴线或中心线，再画主要轮廓线，然后画细部图线，即先画大轮廓后画细节，先曲后直；最后画其他图线，如剖切位置线、符号等。

⑥ 书写图名、比例、注释文字等。

**3. 检查底稿**

若检查无误方可进行描深(铅笔或上墨),描深的顺序是:自上而下、自左而右依次画出同一线宽的各线型图线,先画轴线或中心线,先曲后直。

**4. 写字及画各种符号**

注写尺寸或文字说明、填写标题栏等。

**5. 检查有无错误或遗漏处**

擦去不必要的稿线,并清理图面。

### 3.1.5 徒手作图

不用绘图工具和仪器,而以目估比例的方法画出图来,称为徒手画图。

实际工作中在选择视图、配置视图、实物测绘、参观记录、方案设计和技术交流过程中,常需要徒手画图。因此,徒手画图是每个工程技术人员必须掌握的技能。

徒手画图称为草图,但决非潦草,要达到视图表达基本准确、图形大致符合比例、线型符合规定、线条光滑、直线尽量挺直、字体端正和图面整洁等。因此,需要多练习才能掌握技巧,使所画的线横平竖直,大致符合比例。

## 3.2 现代景观建筑设计的设计形式表现

### 3.2.1 设计步骤表现图

**1. 草图**

用绘图仪器画的图叫仪器图,不用仪器而徒手画出的图叫草图。草图比用仪器作图快捷、方便,它是记录、构思、创作的有力工具。

草图的"草"字是指徒手作图而言,并没有潦草的含义。草图的线条也要粗细分明、疏密得当,基本上平直。抽象草图必须简单、清晰才有效。有经验的设计师通过大量的、不同形式的草图,记录自己对设计的理解和解决问题的想法(见图3-20~图3-25)。

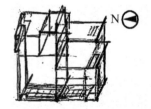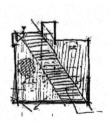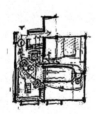

图3-20 草图(一)

3 现代景观建筑设计的表现形式 89

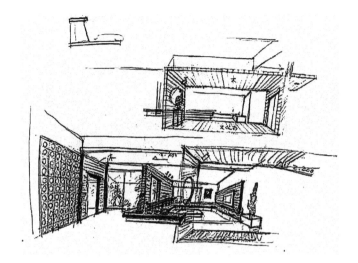

图 3-21 草图(二)

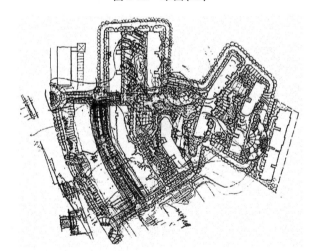

图 3-22 草图(三)

图 3-23 草图(四)

图 3-24　草图(五)

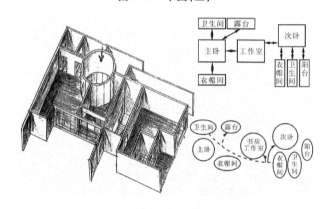

图 3-25　草图(六)

在设计的最初阶段常常采用快捷的概念草图和图解方式。该阶段利用任务书中的任务、基地的各项条件来制约高度抽象、图解的思维。常常采用各种熟悉的符号、不同的线条或加之文字说明来表达，甚至有些图形只有设计师本人才能看得懂。草图不仅用于早期的方案，在设计的深入阶段，设计师也常常用草图对细部、对方案加以深化分析和推敲，因此，草图可以贯穿于整个设计中。

草图表达的优点包括：

① 记录大量的方案信息；

② 直观的记录设计的变化；

③ 有利于群组讨论。

**2. 功能分析图**

功能分析图又可以叫图解图，它主要是通过图形加以文字说明，对设计中相关的元素、条件、相互关系、合理性等方面进行的探索、研究、推理，并通过图形表达设计者的思维。功能分析图可以用随意的草图形式，也可以用严谨工整的图形形式。

现代景观建筑设计当中需要分析的内容包括基地的自然条件，如地形、水体、土壤、植被、基地的气候、日照等,以及人工设施、自然景观、环境因素、任务书的要求、功能、个人隐私之间的联系、采用的材料、经济因素、可行性等(见图 3-26、图 3-27)。

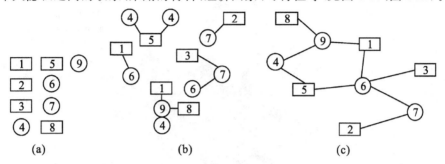

图 3-26 功能分析图(一)

(a)将所需要布置的内容排列出来,用图框表示主要内容;(b)对各内容及其关系进行分析,找出它们之间逻辑上的关系;(c)综合上面的关系形成网络,它只表明各内容间的相互关系,而不是各内容之间明确的位置与距离

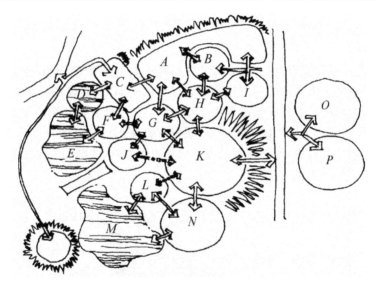

图 3-27 功能分析图(二)

A——停车场;B——娱乐中心;C——停车场;D——水景欣赏区;E——水上游乐园;
F——文化园;G——露天舞台;H——音乐厅;I——旅馆、商店;J——植物园;K——营地;
L——管理部门;M——水库;N——自然游步道;O——高尔夫球场;P——公共娱乐区

用地规划的第一步就是要搞清楚各项内容的关系,然后借助分析法进行分析。功能分析图主要有框图、区块图、矩阵和网格四种方法,其中框图法最为常用。框图法能帮助设计师快速记录构思、解决平面内容的位置、大小、属性、关系和序列等问题(见图 3-28)。

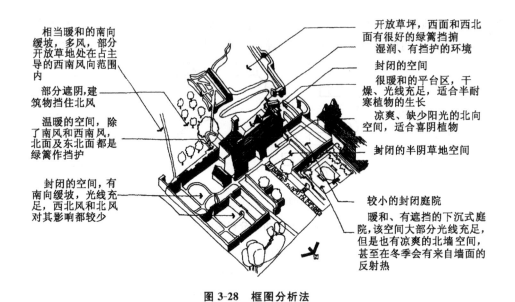

图 3-28 框图分析法

### 3. 轴测图

轴测图是由平面投影产生的、具有立体感的视图。轴测图假定视点在无穷远处，没有灭点，透视线全部是平行的。轴测图直接利用平面图、立体图为依据而产生，所以其优点是作图简便、形成视觉形象快、立体感强，尺寸能直接从图中量取；其缺点是在表现立体时没有近大远小的透视变化，感觉有些变形。轴测图可以用来推敲设计造型、了解环境空间构成，为创造新的设计构思提供直观、快捷的三维形象，是一种有力的设计表现方法（见图 3-29）。

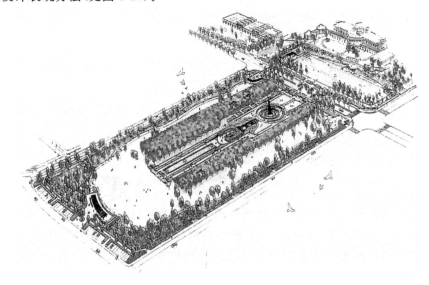

图 3-29 轴测图

(1)轴测图的种类

根据平面图的摆放位置(投影线与承影面的垂直与否)进行分类:正轴测图和斜轴测图。每类又可根据物体与承影面、投影线之间的关系划分出不同的类型(见图3-30)。

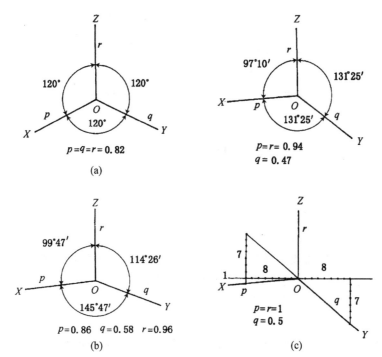

**图 3-30　正轴测图**

(a)正等测图;(b)正二测图(左)及其简化形式(右);(c)正三测图

① 正轴测图的三种类型。

a. 正等测图:正等测图的轴向变形系数 $p=q=r$,夹角均为 120°。

b. 正二等测图:正二等测图的轴向变形系数 $p$、$q$、$r$ 中有两个相等。

c. 正三测图:正三测图的轴向变形系数 $p\neq q\neq r$。

② 斜轴测图。

在斜轴测图中,因为投影线不与承影面垂直,所以通常选用物体的一个面与承影面平行。当物体的水平面与承影面平行时,其水平面反映实形;当物体的立面与承影面平行时其立面反映实形,它们所形成的斜轴测图有下列两种类型。

a. 斜等测图:斜等测图的轴向变形系数 $p=q=r$。

b. 斜二等测图:斜二等测图的轴向变形系数 $p$、$q$、$r$ 中有两个相等。

由于斜轴测图的投影线可以任意改变方向和角度,所以,斜轴测图的画法简便,容易根据所表现的对象进行调整,以获得更清楚准确的视觉形象(见图 3-31)。

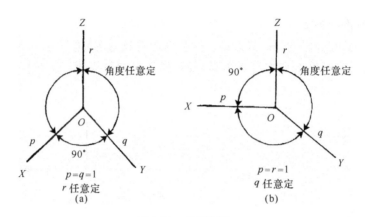

**图 3-31 斜轴测图**
(a)水平斜测图;(b)立面斜测图

(2)轴测类型选择中要注意的事项
① 应根据设计内容选择相适应的轴测类型;
② 在能清楚表达图形的前提下,尽量便于作图;
③ 直观效果要好,准确地反映景物实际情况,避免失真;
④ 对含有不规则曲线和复杂图形的造型,可用平面反映实形的水平斜轴测图网格定位表现;对规整、平直的造型,可用正轴测图表现。

(3)经验画法实例(见图 3-32)
① 根据需要选择平面图;
② 按表格选择合适的轴测方向、种类,将平面图转到合适的角度;
③ 按表格选择高度系数,画出物体的高度,完成轴测图。

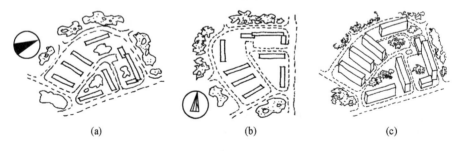

**图 3-32 经验画法实例**

**4. 透视图**

透视图,就是遵循透视法则进行绘画和在平面纸上表现立体事物的图,换句话说是一种将三度空间的形体转换成具有立体感的二度空间画面的画法。透视图符合视觉规律,能将事物、空间环境正确地反映到画面上。这样就能直观和逼真地反映设计师的设计意图,便于其与业主交流和沟通;还能展示设计内容和效果,也有助于设计者对形体和尺度等做进一步的推敲,使设计得到不断的改进和完善。掌握基本的透视图法则,是绘制透视效果图的基础(见图 3-33~图 3-35)。

图 3-33 透视效果图(一)

图 3-34 透视效果图(二)

图 3-35 透视效果图(三)

(1)透视作图中常用的术语

① 基面($G$):放置建筑物的水平面。

② 画面($P$):透视图所在的平面,画面可以垂直于基面,也可以倾斜于基面。

③ 基线($GL$):基面与画面的交线。

④ 视点($S$):相当于人眼所在的位置,也就是投影中心点。

⑤ 站点($SP$):视点 $S$ 在基面 $G$ 上的正投影,相当于人的站立点。

⑥ 中心视线($CVR$):所有视线中与画面 $P$ 垂直的那条视线,即 $S$ 与 $VP$ 的连线。

⑦ 视平面($HP$):过视点 $S$ 所做的水平面。

⑧ 视平线($HL$):视平面与画面的交线。

⑨ 视高($EL$):视点 $S$ 到基面 $G$ 的距离,相当于人眼的高度,一般与视平线 $HL$ 同高。

⑩ 灭点(VP)：与视平线平行的诸条线，在无穷远处交汇集中的点(消失点)称为灭点(见图3-36)。

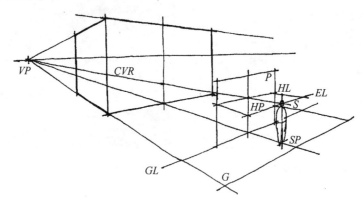

图3-36　透视图中灭点的标注

(2)透视图的分类

① 一点透视：又称平行透视，当物体之一面与画面平行时，只有一个消失点。消失点在画面中央，为绝对平行透视。它的特点是透视表现范围广，纵深感强，视觉感稳定。另外，一点透视有一种变体的画法，即在灭点的一侧，另设一个虚灭点，使原来与画面平行的那个面向虚灭点倾斜，故称为斜一点透视。斜一点透视改变了一点透视平滞、缺乏生气的效果(见图3-37)。

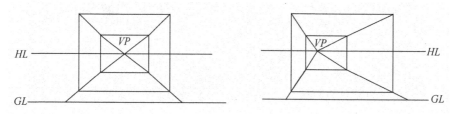

图3-37　一点透视

② 两点透视：又称成角透视，物体与画面成任一角度，物体只有铅垂线与画面平行，其高度不变，两边则各消失于两边的消失点。它的特点是画面比较自由、活泼，所反映的空间比较接近人的真实感觉(见图3-38)。

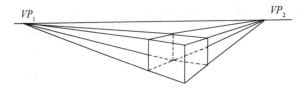

图3-38　两点透视

③ 三点透视：又称斜透视，物体倾斜于画面时，三个方向的主要轮廓线与画面成一定角度，分别形成三个消失点，它的特点是善于表现大场面、大空间，如鸟瞰图、俯视图（见图3-39）。

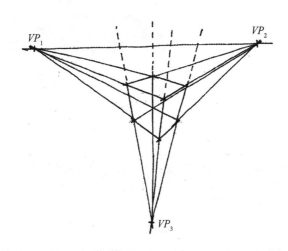

**图 3-39　三点透视**

**5．展示图（现代景观建筑设计展示版面）**

展示版面是在景观设计后期，为了交流的方便和更好地向人们展示设计者的设计理念、形式、设计的重要部分等而采用的一种平面综合表达形式。

展示图板可放置设计图片（平、立、剖、效果图、分析图、草图均可）、图表、文字、辅助图案等内容。

(1)展示版面的设计原则

展示版面的设计没有绝对孤立的形态，而是有机形态的有机结合。设计要考虑整个展示的内容、性质和展示的形式风格，应在整体设计思想的统一指导下，进行统筹策划和布置。主要有以下原则。

① 展示版面要做到内容和形式相协调。

② 运用点、线、面的平面构成要素来进行造型的编排，力求有合理、舒适、优美的视觉流程。

③ 整体统一。

(2)版面构成的方法和类型（见图3-40、图3-41）

① 标题型；② 标准型；③ 重叠型；④ 纵轴型；⑤ 中轴型；⑥ 字图型；⑦ 重复型；⑧ 块状型；⑨ 倾斜型；⑩ 自由型。

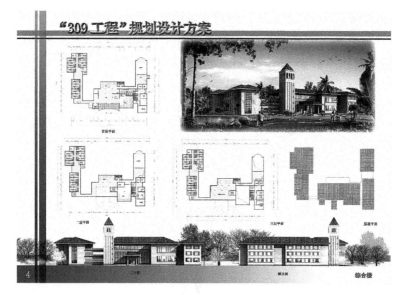

图 3-40　版面构成类型(一)

图 3-41　版面构成类型(二)

## 3.2.2　平面图、立面图及剖面图

现代景观建筑设计图是在执行国家颁布的有关标准和规范下,根据正投影原理绘制的工程样图。现代景观建筑设计与室内设计的设计重点有差异,现代景观建筑设计图有其自身的特点。现代景观建筑设计的设计元素是由建筑物、构筑物、室内室外环境的地形、道路、水体、雕塑、园林绿地、公共设施等组成。由于表现内容繁多,山岳奇石、花草树木、水体风景等人文景观都要用徒手绘制,用流畅的线条表达优美的

自然景观,并且设计面积大,标注比例尺是其常用的定位方法和尺寸标注法。

绘制景观建筑设计图的原则是正确、实用、清晰、美观。图面整体统一美观、主次分明、一目了然,要能将设计意图比较直观地表达出来,容易识读、理解。

**1. 现代景观建筑设计平面图**

现代景观建筑设计平面图指在现代景观建筑设计环境的设计区域内,由上往下看所得的正投影图。现代景观建筑设计平面图的主要功能反映现代景观建筑设计环境的地形、构筑物、道路、公共设施、水体等空间组合关系,以及地坪的材质、设计范围面积的大小、交通路线的安排,体现现代景观建筑设计的总体格局、设计主题、设计师的设计构想(见图 3-42)。

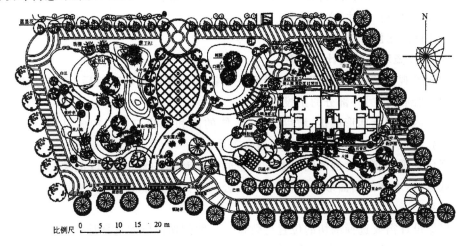

图 3-42 现代景观建筑设计平面图

现代景观建筑设计平面图的绘制程序如下所述。

① 绘制环境的地形、平面轮廓线(包括已建建筑物、构筑物、规划道路、地形等高线等)。

② 绘出现代景观建筑设计图中的设计要素的水平正投影。

③ 绘制现代景观建筑设计内容的区域划分线和材料图例,地形等高线,不同角度、不同材料的地坪划分,以及绿化面积划分和植物品种、水体区域划分等。

④ 依据线型绘制图线,现代景观建筑设计图中的外轮廓线应加粗或绘制阴影,以加强立体效果。

⑤ 绘制指北针,依据需要绘制风玫瑰图。

⑥ 标注比例尺,标明剖面图的剖切位置。

⑦ 绘制图名。

**2. 现代景观建筑设计立面图**

现代景观建筑设计立面图是表现设计环境空间的竖向垂直面的正投影图。它是进一步表达设计效果的图纸,主要反映空间造型轮廓线,设计区域各方面的宽度,建筑物或构筑物的尺寸、地形的起伏变化,植物的立面造型高矮,公共设施的空间造型、位置等。公共设施设计的内容包括公共设施的造型、材质、大小,以及植物的品种、造型等。

根据设计需要绘制多个方向的立面图,选择合适的设计构成元素(空间比例、尺度关系)完整准确地表达造型设计构思,绘制出优美动人的城市轮廓和景观环境。

现代景观建筑设计立面图的绘制程序如下所述。

① 绘制地坪线。
② 绘制建筑物或构筑物的轮廓线。
③ 公共设施、艺术品的空间垂直面造型线。
④ 用线型描绘设计内容的轮廓线,地坪线为最粗。
⑤ 标注材料、尺寸、文字说明。
⑥ 图例、比例。

**3. 现代景观建筑设计剖面图**

现代景观建筑设计剖面图是假设用一个铅垂面剖切景观环境后,移走被切的一部分,得到剖切的另一部分的正投影图。

设计内容包括地形起伏、坡度大小、水体的围和形状与材料构成,以及台阶、道路、植物、建筑物、构筑物等与地形的组合关系。

现代景观建筑设计剖面图主要反映空间造型环境的地形、地段的关系。如地形的高低起伏、水体的断面形状与材料选择,公共设施、道路、建筑物、构筑物与地形的组合关系。

根据设计需要选择剖切的位置与数量。一般剖切位置的选择最好能体现设计内容与地形、地貌的空间组合关系。

现代景观建筑设计剖面图的绘制程序如下所述。

① 绘制地形剖切线及剖切到的水体、道路、建筑物或构筑物的剖面轮廓线。
② 绘制未剖切的但能看到的设计内容的空间轮廓线。
③ 植物、水体、山石的轮廓线。
④ 使用材料说明。
⑤ 图名、标注比例尺。

现代景观建筑设计剖面图不仅用于表现环境空间的关系,还用于表现细部的构造做法。由于现代景观建筑设计的细部内容多,每一处都必须详细地标注其构造做法,因此,设计图中有大量的剖面详图。

### 3.2.3 表现的工具及材料

**1. 彩色铅笔**

彩色铅笔是主要的绘图工具。设计师通常使用进口的水溶性彩色铅笔,单独用它来表现粗糙的质感(如岩石、草地、树干等)是非常适宜的。它笔触分明,还可以用来表现素描的调子(层次),用水融化后又有水彩的效果,这样可做大面积平涂,以弥补马克笔不能大面积平涂的缺陷。当然,它还可以与水彩混合使用。它的种种优点弥补了马克笔较难表现柔和的渐变色调和肌理表现上的不足。彩色铅笔的弱点是,着色时间较长,同时色彩显得暗淡些(见图3-43、图3-44)。

图3-43 彩色铅笔绘制的效果图(一)

图3-44 彩色铅笔绘制的效果图(二)

**2. 钢笔淡彩**

钢笔淡彩是钢笔与水彩的结合,它是利用钢笔勾画出空间结构、物体轮廓,运用淡雅的水彩体现画面色彩关系的技法。钢笔淡彩是快速表现中常用的技法之一。钢笔画重要的造型语言是线条和笔触。线条的轻、重、缓、急,笔触的提、按、顿、挫都要认真研究。运用点、线、面的结合,简洁明了地表现对象,适当地加以抽象、变形、夸张,使画面更具有装饰性和艺术性。绘制钢笔淡彩画时应注意的是,钢笔画受工具、材料的限制,绘制的画面不宜过大,否则难以表现;选择的纸张以光滑、厚实、不渗水的为好,一般绘图纸、白卡纸即可。钢笔画线条具有生命力,下笔尽量肯定,不做过多修改,以保持线条的连贯性,使笔触更富有神采。同时,钢笔淡彩的绘制也要注意物体的轮廓和空间界面转折的明暗关系,画线要流畅、生动、讲究疏密变化。着色时留白尤为重要,不要画得太满;色彩应洗练、明快,不宜反复上色、来回涂抹;讲究笔触的应用,如摆、点、拖、扫等,以增强画面的表现效果;深色的地方要尽量一气呵成(见图3-45、图3-46)。

**图 3-45　钢笔淡彩效果图(一)**

**图 3-46　钢笔淡彩效果图(二)**

### 3. 马克笔

马克笔技法能快速、简便地表设计意图。马克笔绘画是在钢笔线条技法的基础上,进一步研究线条的组合、线条与色彩配置规律的一种绘画技法。马克笔的种类主要有水溶性马克笔、油性马克笔和酒精性马克笔。马克笔的笔头较宽,笔尖可画细线,斜画可画粗线,类似美工笔用法;通过线、面结合,可达到理想的绘画效果(见图3-47)。

(1) 马克笔的基础技法

① 并置法是运用马克笔并列画出线条。

② 重叠法是运用马克笔组合同类的色彩,画出线条。

③ 叠彩法是运用马克笔组合不同的色彩,达到色彩变化,画出线条。

(2) 马克笔的绘制方法

① 马克笔一般常与钢笔相结合,钢笔线条造型,马克笔着色。

② 马克笔色彩较为透明,通过笔触间的叠加可产生丰富的色彩变化,但不宜重复过多,否则将产生"脏""灰"等缺点。

③ 着色顺序先浅后深、力求简便,用笔帅气、力度较大,笔触明显、线条刚直,讲究留白,注重用笔的次序性,切忌用笔琐碎、零乱。

④ 马克笔与彩色铅笔结合,可以将彩铅的细致着色与马克笔的粗犷笔风相结合,增强画面的立体效果。

⑤ 油性马克笔溶于甲苯,可用其进行修改。

⑥ 马克笔用纸为马克笔专用,也常用较白、厚实、光滑的铜版纸。

(3) 用马克笔的绘画步骤及基本技法

① 准备;② 草图;③ 正稿;④ 上色;⑤ 调整(见图 3-48～图 3-50)。

图 3-47　马克笔

图 3-48　马克笔绘制的效果图(一)

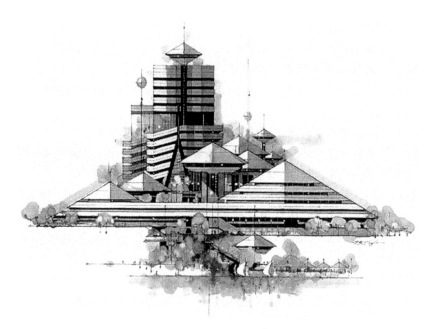

图 3-49 马克笔绘制的效果图(二)

图 3-50 马克笔绘制的效果图(三)

**4. 水粉**

水粉是较为传统的绘画颜料,水粉画是以水为媒介进行绘画。水粉画技法的特点是画面厚重,具有很强的表现力,能够精细地表现空间结构、气氛以及材料的质感和光感,是色彩表现中很强的画种。同时,水粉颜料又有很强的覆盖能力,易于画面的修改。但水粉使用多了,往往会使画面新意不足。其中浓缩的白颜料非常重要,可以表现高光部分或用于勾勒白线(见图 3-51、图 3-52)。

图 3-51 水粉效果图(一)

图 3-52 水粉效果图(二)

**5. 喷绘**

喷绘技法的画面细腻、柔和,变化微妙,真实感强,具有独特的表现力和现代感,因而在工程设计,特别是工程投标中,十分容易被业主接受。有些美术基础较弱的人尝试用喷笔时,画面容易显得灰,仿佛笼罩在一片迷雾中。因此,使用喷绘技法时,应先考虑好大的色彩关系,随时注意画面的素描关系和整体性。喷笔的规格以 0.2 mm 或 0.3 mm 比较适宜。颜料一般多采用水粉,同时准备一些低黏度的胶膜或卡纸作为辅助工具(见图 3-53、图 3-54)。

图 3-53　喷绘效果图(一)

图 3-54　喷绘效果图(二)

## 3.3　现代景观建筑设计的成果事例四

现代景观建筑设计的成果事例四见附录 D。

## 3.4　课题设计

【本章要点】

3.1　使用绘图工具和仪器,掌握徒手作图技巧,能绘符合国家制图标准的图纸,并能正确阅读一般的建筑图纸。

3.2 用作图方法解决空间度量问题和定位问题。

3.3 通过临摹优秀设计作品,掌握一定的方法和技巧,并尝试多种表现形式。

3.4 本章建议 16 学时。

**【思考和练习】**

练习 3.1 小型广场景观设计。

要求:

3.1.1 概念设计(自己确定广场的主题与内容);

3.1.2 广场设计范围为 30 m×30 m,地形平坦,四周交通环绕,人文环境、地段可自拟;

3.1.3 广场面积分配比例大致为绿化 30%、水景观 10%、硬质材料 60%;

3.1.4 作业尺寸为 A3 图纸(张数不限);

3.1.5 草图、功能分析图、平面图、立面图、剖面图、效果图;

3.1.6 效果图必须进行色彩表现(既可整体表现,也可以局部表现);

3.1.7 设计文字说明(不少于 300 字)。

练习 3.2 选择家庭或学校附近的街道或景观建筑小品设施进行单位实测,包括灯具、休息椅、垃圾桶、标牌、护栏、树池、电话亭、报亭、广告灯箱和雕塑小品等。

要求:

3.2.1 将实测单体进行写生(速写)或拍照(照片要突出实测主题并完整);

3.2.2 将速写或拍照的资料处理成效果图形式;

3.2.3 作业尺寸为 A4 图纸(张数不限),每张作业构图要均衡、饱满、完整。

# 4 现代景观建筑的用材与构造

公元前 1 世纪，罗马著名建筑师维特鲁威曾经将实用、坚固、美观称为构成建筑的三项基本要素。而今天，这三项基本要素仍然作为建筑设计的主要内容，只是表述方式发生了一些变化，其被概括为建筑的功能、物质技术条件和建筑形象三个方面，在这三者之间，物质技术条件（材料、技术）对建筑形象的形成和发展起着不可忽视的重要推动作用。所以，人们认为建筑就是材料的艺术。黑格尔也曾提出：建筑是"用建筑材料造成的一种象征性的符号"。可见，材料在整个建筑设计中的重要性，其组成的方式固然带有一定的艺术特征，同时也带有一定的结构构造方面的理论基础。因此，要想很好地把材料有机组合起来，应用于现代景观建筑，就要求我们掌握有关结构、构造方面的相关知识。

## 4.1 现代景观建筑的用材

### 4.1.1 建筑是材料的艺术

**1. 建筑形象的发展是材料不断更新和发展的结果**

从远古文明起，建筑材料在建筑设计中的作用就可略见一斑。建筑材料与建筑设计的有机结合似乎是建筑设计成功的必要条件，把建筑材料与建筑形象有机结合成为了建筑设计的理想目标。这样的实例不胜枚举，如古埃及的金字塔就是采用天然石头建造而成，以简洁的几何形状和朴素的质感塑造出的壮观的艺术形象（见图 4-1）；古罗马的万神庙，就是混凝土作为新材料出现的典范（见图 4-2）；巴黎圣母院是玻璃马赛克和彩色大理石相结合的结果（见图 4-3）。

**图 4-1 古埃及的金字塔**

图 4-2 古罗马的万神庙

图 4-3 巴黎圣母院

1851 年于美国建造的水晶宫是近代建筑设计的里程碑,它的设计巧妙地运用了铁架和玻璃形成广阔的空间,从而创造出无与伦比的建筑新形象,也再次说明新材料、新技术为建筑设计与创作开辟了更为广阔的天地(见图 4-4)。

图 4-4　1851 年美国建造的水晶宫

**2. 材料的特性对建筑形象的促进作用**

现代建筑巨匠赖特认为"建筑是人的想象力驾驭材料和技术的凯歌"。在建筑设计和创作过程中,要充分挖掘材料的内在潜力和表现材料的外在形态。著名建筑史学家,哥伦比亚大学建筑学教授肯尼恩·弗兰普顿认为:传统的并沿用至今的砖、瓦、砂、石和近代的钢筋、玻璃等建筑材料,才是建筑的血与肉,才能构成建筑的灵魂。古代西方用砖石创造了建筑奇迹,古代中国用木材创造了灿烂的文化,而现代景观建筑的发展,却是在钢和钢筋混凝土的基础上建立起来的辉煌,因此,利用和发挥材料与技术特性来丰富建筑形象是建筑师创作建筑佳作的前提。

赖特在设计中熟练地运用各种材料的性能,善于按其各自的特性把它们组合成为一个整体并合理地赋予其艺术的形式。他既善于用传统材料如粗糙的石块、花岗岩、刨光的木材等天然材料来取得质感对比的效果,同时又善于利用人工合成的新材料如钢筋混凝土、玻璃、钢等新型建筑材料来加强和丰富建筑的表现力,使他的作品充满天然气息和艺术魅力。比如流水别墅(见图 4-5)和西塔里埃森(见图 4-6)。

图 4-5　流水别墅

图 4-6　西塔里埃森

新建筑运动的创造者和领导人之一的格罗皮乌斯设计的包豪斯校舍,按照现代建筑材料和结构特点,运用建筑本身的要素,创造出了一种前所未有的、清新活泼的建筑艺术形象(见图 4-7)。

图 4-7　包豪斯校舍

另一位艺术大师勒·柯布西耶对钢筋混凝土情有独钟,如其作品马赛公寓(见图 4-8)。

图 4-8　马赛公寓

### 3. 新材料在建筑形象中的创造作用

新材料的出现促进新的设计方案和思路的形成,所以说材料的进步也就是设计历史的进步。作为一名优秀的建筑设计师,必须常常想到新型建筑材料是随着社会的发展而不断丰富的,巧妙地发挥这些材料的特性,将可能创造出以往难以想象的现代建筑新形象。如东海之滨的金茂大厦就是利用索膜结构创作出的作品,再如广州塔(见图 4-9)。

图 4-9　广州塔

## 4.1.2　建筑材料的功能简述

木材、钢材、石材、塑料、玻璃等是用于构建建筑物和内部装修的材料,它们所包括的形体语言包含了"形体、光照、色彩、肌理"等要素,设计师通过对这些素材的组合运用,可以创造出体现不同文化和精神内涵的优秀作品。它们的功能作用表现在材料可由不同的结构组合成不同的空间、不同的材料有不同的形式表现、材料的环保效果、材料的美感表现等多方面,既包括物质的功能作用,又含有精神的功能作用。

### 1. 材料是创造空间的基础

对于一个建筑设计,在确定材料造型语言的基础上,选择适当的材料和正确的构造方式,以形成材料构造和形式的完美统一,是建筑设计的目标。因此,采用不同材料的结构和围护构件,按照材料的性能和力学规律围合成的室内空间,必须是功能和美感的高度统一,也就是之前所说的既满足物质方面的要求,又考虑精神方面的审美要求,这种双重特性是利用材料的形态、肌理,通过不同形式的点、线、面、体的空间构成要素的组合,给欣赏者不同的视觉感受,从而形成不同的环境效果。如中国的木结构空间的特点(见图 4-10)、玻璃结构的魅力(见图 4-11)、钢筋混凝土结构的风格(见图 4-12)。

图 4-10　山西木塔

图 4-11　德国国会大厦

图 4-12　朗香教堂

**2. 视觉特性**

任何材料本身都具有一定的视觉特性,材料的质地、肌理等对建筑材料的形象有一定的促进作用。因此,为了把这种作用很好地发挥出来,我们要了解常见材料的内在特性。

① 石材能充分表现其天然材料的自然本性,但是由于现代建筑的飞速发展,使人们不再满足于传统的使用方式和表达方法,人们不断改进处理手段、引进先进技术、发挥传统材料的新特征,为设计者提供了足够的使用空间(见图4-13、图4-14)。

图 4-13　石材景观(一)　　　　　　　图 4-14　石材景观(二)

② 木材、竹材是传统建筑文化的精髓,前人用木材、竹材创造了令人惊叹的建筑空间。由于木材、竹材具有典雅、亲切、温和的自然纹理,有的直而细,有的疏密不均,有的断断续续,有的似山,有的成影,真可谓千姿百态,既促进了人与空间相融合,又营造出了良好的室内气氛,这使人们都愿意利用木材以刻意表现其本身的装饰特点(见图4-15、图4-16)。

图 4-15　木材建筑小品　　　　　　　图 4-16　竹材景观小品

③ 砖是一种极为普通的材料,既可承重也具有装饰性,通过建筑师们巧妙地运用,其自然的品格和表现力受到许多人的青睐(见图4-17)。

图 4-17　砖制建筑

④ 用黏土为原料,通过烧结、加工而成的陶瓷,以其工整、细腻、装饰性强等特点,广泛应用于室内外装饰当中(见图4-18)。

图 4-18　陶瓷装饰

⑤ 玻璃给人以神秘而幽雅的感觉,它的装饰效果可以唤起人们许多梦想和遐想。其透明或不透明的质感都是其他材料无法效仿的,同时,在光与影的作用下更会产生无限的情趣(见图4-19)。

图 4-19 玻璃材质的景观效果

⑥ 金属材料在现代景观建筑设计中大量运用,并有着独特的魅力(见图 4-20、图 4-21)。

图 4-20 金属材质的景观小品(一)　　图 4-21 金属材质的景观小品(二)

### 3. 材料使用的环保性

随着生活水平的提高,人们对生活环境的要求也在不断改变,对环境的要求由单纯的"生存需要"转变为"环境需要",主要呈现了五个方面的特点,即自然化、艺术化、个性化、民族化、环保化。特别是人们在环保方面的意识和要求日益凸显,在建筑方面主要表现在材料的选择和装饰方法的运用上,把"绿色环保"作为首要的标准和要求,足以体现出其在人们生活中的重要性。

### 4. 材料及材料组合所表现的美感

在环境设计中对建筑的要求更重视其审美的功能,所以对于材料的种类、特性、视觉效果等方面要求较多。在充分考虑材料本身性质的基础上,结合并分析人的视觉和心理反应以取得环境空间的整体效果。

目前,现代景观建筑设计中,人们一方面试图在更为广阔的领域中表现材料的本身属性和结构特征,使它们的视觉效果充分符合力学的前提条件,从自然材料的本身属性的潜力进行挖掘,结合新工艺的发现,充分表现材料的真实感和朴素感,把含蓄的天然美感表现得淋漓尽致,而不附加任何修饰成分。另一方面,材料科学的不断发展使大量新型的人造材料相继问世,人造材料虽然能效仿天然材料的某些材质特点,但有些方面却不如天然材料逼真和自然,同时,也达不到天然材料的肌理效果和反光率、吸声性等。

对于现代景观建筑而言,其室内、室外材料一样重要,因为其特殊作用,往往在建筑的造型过程中既强调室内效果,又注重室外的装饰性,不论是色彩、质感还是纹理,都应在各方面同时考虑(见图 4-22、图 4-23)。

图 4-22 室内、室外景观在材料上的综合处理

图 4-23 不同材质表现出的效果

### 4.1.3 现代景观建筑材料的特性

对于现代景观建筑所用的材料而言,主要保证的是材料砌筑完成后所具有的承载力以及外露情况下的性能,如周围各种介质(水、雪、雨水、阳光等)的作用以及各种物理作用(温度差、湿度差、摩擦等),因此,材料必须具有抵抗上述各种作用的能力。为保证景观的效果,许多建筑材料还要求具备一定的防水、防滑、防反光、隔热、装饰性等性质。掌握建筑材料的基本性质,是现代景观建筑设计的基础。

**1. 物理性质**

物理性质包括体积密度、孔隙率、力学性质、与水有关的性质、热物理性质、声学性质、耐久性等方面。通过对这些性质的分析,可以确定材料的使用场所、构造方式,以便从技术上解决现代景观建筑设计的造型问题。

**1)体积密度**

密度是材料的本身属性,从物理概念上讲是材料在绝对密实状态下的质量与体积的比值。但实际上真正意义的绝对密实状态是不存在的,因此,对材料在实际意义上的分析状态应该是在体积当中包含有材料的实际体积,以及空隙和孔隙在内。从这种意义上讲,对材料的运用必须引入体积密度和堆积密度的概念。在此只讲述体积密度。

体积密度是材料处于自然状况下质量与体积的比值。就同一种材料而言,其体积密度与所处状态有直接关系。因此,在表述体积密度时必须标明其含水状态,两种极限状态对材料性质的分析起着决定作用,也就是材料处于绝对干燥状态时的干密度,以及材料处于完全饱和状态时的密度值。

体积密度的大小可以决定材料的吸水能力、材料的强度、材料的吸声性能等。因此,现代景观建筑设计中要注意对材料体积密度的了解。

**2)力学性质**

尽管现代景观建筑不属于大型建筑,但也存在受力分析和变形问题,因此,材料的力学性质也是不容忽视的。力学性质主要包括材料的强度和比强度、弹性和塑性、脆性与韧性等。

材料的强度是指材料在受到外力作用时抵抗破坏的能力。依据受力的不同而分别叫做抗压强度、抗弯强度、抗拉强度等。而材料的比强度是反映材料的轻质、高强能力的指标。它与材料的体积密度有一定的关系。

材料在外力作用下产生变形,当外力取消后,能完全恢复到原来状态的性质称为材料的弹性,材料的这种变形称为弹性变形。明显具备这种特征的材料称为弹性材料。材料在外力作用下产生变形,当外力取消后,材料仍保持变形后的形状和尺寸的性质称为材料的塑性。这种变形称为塑性变形。具有较高塑性变形的材料称为塑性材料。大多数材料在受力不大时表现为弹性特征,受力达到一定程度时表现为塑性特征,称为弹塑性材料。

脆性是材料在荷载作用下，在破坏前无明显的塑性变形，而表现为突发性破坏的性质。脆性材料的特点是塑性变形很小，且抗压强度与抗拉强度的比值较大（5～50倍）。无机非金属材料多属于脆性材料。韧性又称冲击韧性，是材料抵抗冲击振动荷载的作用而不发生突发性破坏的性质，或是在冲击振动荷载作用下吸收能量、抵抗破坏的能力。材料的冲击韧性用具有一定形状和尺寸的试件（具有U形或V形缺口），在一次冲击作用下冲断时所吸收的功来表示，称为冲击吸收功；或用断口处单位面积所吸收的功来表示，称为冲击韧性值。韧性材料的特点是变形大，特别是塑性变形大，抗拉强度接近或高于抗压强度。木材、建筑钢材、橡胶等属于韧性材料。

3）与水有关的性质

在水的影响下，大量的材料都会发生一定的变化，其中就现代景观建筑设计而言，最主要的影响因素包括吸水性、吸湿性、耐水性等。

吸水性是材料在水中吸收水分的性质，用质量吸水率或体积吸水率来表示。两者分别是指材料在吸水饱和状态下，所吸水的质量占材料绝干质量的百分率，或所吸水的体积占材料自然状态体积的百分率。吸水率主要与材料的孔隙率，特别是开口孔隙率有关，并与材料的亲水性和憎水性有关。孔隙率大或体积密度小，特别是开口孔隙率大的亲水性材料具有较大的吸水率。多孔材料的吸水率一般用体积吸水率来表示。材料的吸水率可直接或间接地反映材料的部分内部结构及其性质，即可根据材料吸水率的大小，对材料的孔隙率、孔隙状态及材料的性质做出粗略的评价。

耐水性是指材料长期在水的作用下，保持其原有性质的能力。对于结构材料，耐水性主要指强度变化，对装饰材料则主要指颜色的变化，是否起泡、起层等。材料的耐水性主要与其在水中的溶解度和材料的孔隙率有关。溶解度很小或不溶的材料，则软化系数（从结构上反映材料的耐水性）一般较大；若材料可微溶于水，且含有较大的孔隙率，则软化系数较小或很小。

**2. 现代景观建筑材料的装饰特性**

现代景观建筑材料的装饰特性包括材料的材质、质感、肌理及材料的表面光泽、受光特性等。材质即材料本身的结构与组织特点，属于材料的自然属性。质感是材质被视觉感受和触觉感受后的效果，它是一个综合因素，可以由不同形态、色彩，不同质地、肌理等构成，所以，对材料质感的分析往往是非常复杂的。

质感是材料的表面组织结构、花纹图案、颜色、光泽、透明性等给人的一种综合感觉，如钢材、石材、木材、玻璃等材料在人的感官中的软硬、轻重、粗犷、细腻的感觉。组成相同的材料可以有不同的质感，如普通玻璃与压花玻璃、镜面花岗岩板材与剁斧石。相同的表面处理形式往往具有相同或类似的质感，但有时并不完全相同，如人造花岗岩、仿木制品等，一般均没有天然的花岗岩和木材亲切、真实。

颜色是材料对光的反射效果。不同的颜色给人以不同的感觉，如红色、橘红色给人一种温暖、热烈的感觉,绿色、蓝色给人一种宁静、清凉、寂静的感觉。

光泽是材料表面方向性反射光线的性质。材料表面愈光滑,则光泽度愈高。而其方向性反射有两种形式,即定向反射和非定向反射。当为定向反射时,材料表面具有镜面特征,又称镜面反射。不同的光泽度,可改变材料表面的明暗程度,并可扩大视野或造成不同的虚实对比。

透明性是光线透过材料的性质。物体分为透明体(可透光、透视)、半透明体(透光、不透视)、不透明体(不透光、不透视)。利用不同的透明度可隔断或调整光线的明暗,造成特殊的光学效果,也可使物象清晰或朦胧。

除了材料的本身属性外,在生产或加工材料时,利用不同的工艺可以将材料的表面制作成各种不同的表面组织,如粗糙、平整、光滑、镜面、凹凸、麻点等,或可以将材料的表面制作成各种花纹图案(或拼镶成各种图案)。

建筑装饰材料的形状和尺寸对装饰效果有很大的影响。改变装饰材料的形状和尺寸,并配合花纹、颜色、光泽等可拼镶出各种线型和图案,从而获得不同的装饰效果,最大限度地发挥材料的装饰性。

选择建筑装饰材料时应与景观的特点、环境(包括周围的建筑物)、空间及材料使用的部位等相结合。充分考虑建筑装饰材料的性质,最大限度地表现出建筑装饰材料的装饰效果,并做到经济、耐久。

### 4.1.4 常用的现代景观建筑材料

#### 1. 天然石材

石材是非常耐久的材料,经历百年甚至千年之后仍可以使用。天然石材因产地和成分的不同,呈现出各种不同的质地、纹理和色彩,配合后期加工工艺的不同,又可以有多种的表面效果,为现代景观建筑创造了丰富、细腻的细节。这些加工效果不仅可以将不同石材的特殊性显示出来,还可以创造出多样的光影效果。因此,天然石材以其独特的色彩、纹理、质感和艺术表现力,广泛应用于环境艺术设计中。其中大理石、花岗石是装饰石材中最主要的两个种类,它们囊括了天然装饰石材99%以上的品种。

大理石是指以大理岩为代表的一类装饰石材,包括碳酸盐岩和与其有关的变质岩、沉积岩,主要成分是碳酸盐类。城市空气中的二氧化硫遇水后,对大理石中的方解石有腐蚀作用,即生成易溶的石膏,从而使其表面变得粗糙多孔,并失去光泽。但大理石吸水率小、杂质少、晶粒细小、纹理细密、质地坚硬,如汉白玉、艾叶青等。

花岗岩是指以硅酸盐为主的各种岩浆岩类岩石,包括火成岩、沉积岩等,质地较硬,耐磨性好,抗风化性及耐久性高,耐酸性好,但不耐火。使用年限可达数百年甚至上千年,世界上许多历史悠久的古建筑都是由花岗岩建造而成的。

花岗岩用于室外环境较多,而与花岗岩相比,大理石更适于室内建筑及装修、雕刻、工艺品等(见图4-24)。

图 4-24　花岗岩材质

**2. 砖**

对于景观设计师们来说，砖块是用作外墙的一种理想的材料。砖因其固定的尺寸，方正的形状及自然的色彩而成为砌筑外墙的理想材料。砖不仅可以砌成围墙、挡土墙、建筑外墙，还可以砌成坐凳、分割性矮墙等。除此之外，砖还可以做成基础、路面、花池、水池等。经历了时间考验和细节设计精良的花园墙壁，可以成为景观设计师们自然的灵感源泉。

砖是烧结材料，取材于土地，从就地取材的角度讲算是最经济的建筑材料了。砖块经历了对土壤的开采、重新塑形和烧制过程后才得以成型，烧制原料有黏土或者研碎的页岩。它们是塑性较好、色彩丰富、坚固耐用的建筑材料。砖块相对较小的尺寸和在色彩、外表的润饰，可以创造出较多的变化。比如砖块在图案、接缝、外表的布局和工艺能力方面都具有行之有效的处理潜力，能给环境景观设计师激发无穷的创造能力，可以表现深度、浮雕、可塑性、投影、上色和独特的视觉感。因此，利用砖的本身属性以及对其所进行的表面处理，能创造出古朴的艺术魅力（见图 4-25）。

图 4-25　砖结构建筑

### 3. 玻璃

玻璃是以石英砂、纯碱、石灰石等作为主要原料,并加入某些辅助性材料(包括助熔剂、脱色剂、着色剂、乳浊剂、澄清剂等),经高温熔融、成型、冷却而成的具有一定形状和固体力学性质的无定形体(非结晶体)。玻璃的化学成分很复杂,并对玻璃的力学、热学、光学性能起着决定性作用。建筑玻璃的主要化学组成为 $SiO_2$、$Na_2O$、$CaO$ 等。玻璃属于均质非晶体材料,具有各向同性的特点。脆性是玻璃的主要缺点,透明性和透光性是玻璃的重要光学性质,其具有较高的化学稳定性,耐酸性强。

玻璃相比于石材和砖来说,可以算是新型的应用于现代景观建筑设计的材料了。玻璃最早的使用是作为建筑的窗玻璃,后来随着制玻技术的发展和结构技术的进步,发展成为建筑的外维护材料的玻璃幕墙。它以其独特的现代魅力被大量应用于现代景观建筑设计中。玻璃可以像混凝土、砖、石材那样做成围墙、桥梁、护板、坐凳、台阶、花池、水池等各种受力构件。如图 4-26 所示的是玻璃材料用于曲桥。

图 4-26　使用玻璃材质的曲桥

### 4. 金属

建筑工程中应用量最大的金属材料为建筑钢材。建筑钢材是指用于钢结构的各种型钢(如圆钢、角钢、工字钢等)、钢板和用于钢筋混凝土结构中的各种钢筋和钢丝等。钢材是在严格的技术控制下生产的材料。它具有品质均匀、强度高、塑性和韧性较好,可以焊接和铆接,便于装配等优点。钢材的缺点是其容易锈蚀,维修费用大,而且能耗大、成本高、耐火性差。采用型钢建造的钢结构,具有强度高、自重轻的特点。

由于钢材有较好的受力特点和艺术质感,在现代景观建筑中广泛应用。从受力特点上,与石材相比,它的优势就是抗拉、弯,但钢不耐压,因此,当设计师选用钢材作为构成景观的一部分时,要充分考虑钢材的优势与特点。和其他建筑材料比,在现代景观建筑中使用金属材料,很容易创造出现代感和工业化的味道。在现代景观建筑设计中,通常运用钢材及其他金属材料做花架、水池、台阶、桥梁、栏杆、灯柱、坐凳等,甚至还可以铺在地下当铺地材料(见图 4-27)。

图 4-27 金属材质

**5. 木材**

木材就树种而言可分为软木和硬木两大类。其中软木树干通直高大、纹理顺直、材质均匀、质地较软、强度较高，表观密度和胀缩变形较小，耐腐蚀性较强。常见的树种有松、杉、柏等。硬木通直部分较短，材质坚硬，较难加工，强度、表观密度较大，胀缩翘曲变形较大，易开裂。具有美丽天然纹理的树种有水曲、枫木、柚木、榆木等。

概括地讲，木材具有以下特点：质轻而强度高、弹性和韧性（密度大、无缺陷）好、导热系数小、含水率高，包含自由水（影响木材的表观密度、保存性、燃烧性、干燥性等）、吸附水（影响木材的强度和胀缩变形）、结合水（对木材性质无影响），具有较好的耐久性。

另外，木材还具有独特的装饰性能。

① 纹理美观。天然生长具有的自然纹理，使木材装饰品更加典雅、亲切、温和。如直线条纹、不均匀直细条纹、疏密不均的细纹、断续细直纹、山形花纹等，真可谓千姿百态。

② 色泽柔和，富有弹性，具有乳白色、粉红色、红棕色、深棕色、枣红色的色彩肌理等。

③ 经加工处理后永不变形，使其实用性更为广泛。

④ 易涂饰，更具有装饰性。

充分运用木材的装饰特性，最大限度地发挥木材特性在整体效果中的作用，注意材质的协调、色彩的协调、异类的组合，以达到更为完美的装饰效果（如木材与金属的结合体现坚硬和耀眼的表面效果，木材与玻璃的组合体现了古朴和现代的交流，木地板与仿木壁纸组合，完成了空间效果的创造）是现代景观建筑设计的要求。建筑木材主要用于花架、栏杆、平台、码头、坐凳、窗框等。利用其装饰性，木材可以用作各种装饰条、墙裙、隔断等。不同的用途要求木材采用不同的形式。我国木材供应的形式主要有原条、原木和板材三种(见图 4-28、图 2-29)。

图 4-28　木质景观

图 4-29　木质栏杆

### 4.1.5　现代景观建筑材料的选用原则

**1. 整体原则**

装饰性构件是依附于建筑而存在的,它融合于建筑整体环境的设计和建造的全过程,而不是与建筑主体分离的,所以,考虑材料的选择时,必须结合具体建筑物的形式、体量、风格、环境等因素。在设计与施工中,必须正确地把握材料的性格特征,使材料的性格与建筑的性格相吻合,从而赋予材料以生命。美国"有机建筑"大师赖特指出"每一种材料有自己的语言,每一种材料有自己的故事""材料因体现了本性而获得了价值"。所以,充分表现材料的内在潜力和外部形态也是赖特的有机建筑观念的重要部分。

现代景观建筑所处的自然环境与人文环境对材料及其效果的选择也有很大的

影响。在尊重环境与文化的基础上进行的建筑装饰活动,将使现代景观建筑更加具有地方特色,并成为当地环境中和谐的组成部分,从而使人与建筑获得一种广泛意义上的"共生"。赖特在谈到根据特定的环境和目的选用材料的问题时曾说:"处于特定环境之中的合乎逻辑的材料是适于特定目的的最自然的材料,通常也是最美的材料。"

**2. 材料质感的心理联想**

从材料的特性分析,我们知道材料的质感是最具有综合特点的要素。在生活中常常有这样的感受:当我们看到金属材料,如钢铁时就会有一种冰冷的感觉,甚至仿佛已感觉到了碰到它时的坚硬、寒冷的触觉。这是因为人对触摸金属的感觉,已通过记忆转化为条件反射。一般来说,材料的这种心理诱发作用是非常明显和强烈的,只是不同的材料引起的心理感觉有时因人而异。光滑、细腻的材料,富有优美、雅致的感情基调;而具粗糙表面的材料,常会带给人粗野、草率的印象。"各种材料和形式总是经常赋予一种视觉的外貌,这种外貌好像是在'翻译'它们功能与触觉的性质。粗糙表面的混凝土具有一种不亲切的外貌,因为我们觉得碰到它会使我们产生擦伤的结果,而一幢日本住宅中的木头与纸却是'亲切的'材料,因此我们觉得这些材料是无害的。"人们偏爱天然材料,因为天然材料所特有的纹理、质感和色彩易激发起人们的心理感受,如木材纹理如烟云流水,质地温暖亲切;大理石或似山川丘壑,或似云海波涛,给人以无穷遐想。运用自然材料大有景外之景,"不着一字尽得风流"的效果,并折射出一个感性的、抚慰人心的、有人情味的心理环境。

## 4.2 现代景观建筑的构造

### 4.2.1 现代景观建筑的结构体系

**1. 框架系统**

框架系统是具有普遍意义的结构系统。如果没有框架系统,我们将无法设想身边的建筑环境是什么样的。框架系统主要由垂直和水平两个方向的结构构件组成,结构构件的受力简明、单纯。框架系多以直线形出现,也便于建造。从古希腊的石质庙宇、中国古代木结构建筑,到现在用钢筋混凝土或者钢材建造的高层建筑,不管现代景观建筑材料发生多大的变化,框架系统都发挥着重要作用。如现代景观建筑中的亭子、长廊、水榭等,其基本构成都是从框架结构为基础演变而来的。

**2. 桁架系统**

桁架结构主要的受力特征是只存在拉力和压力,而且基本采用铰接的连接方式。结构构件则都由三角形组成。20世纪以来,桁架结构也发生了巨大的变化,陆续出现了寰宇桁架、梅罗桁架、索形空间桁架、球形空间桁架等,使现代景观建筑的形式也在此基础上出现了更多的创新(见图4-30)。

图 4-30 桁架结构

以上所述的框架系统和桁架系统是典型的结构系统。在这些系统中,构件的搭接和节点设计的类型非常丰富。这两个系统充分涵盖了结构受力的基本类型,同时也充分地展示了构件搭接和节点设计的技巧和表现力。各种新型而典型结构构件的分析是基于这两种系统而进行的,比如缆索、悬索、帐篷的构件搭接和节点设计都是基于这两大系统得以连接起来的。缆索、悬索、帐篷等结构系统的缆索、膜等材料都不能单独形成结构构件,必须依赖杆件组合以提供支撑等作用,而这些杆件的构件搭接和节点设计的原理都基于框架系统和桁架系统的设计(见图 4-31)。

图 4-31 新型的桁架结构

**3. 其他形式系统**

① 缆索系统中最简单的一种就是在单线上挂一个荷重,常见的是在两端有支撑点,在中间处挂一个荷载。缆索也可以由中间支撑,并与桁架的压力杆结合用以传递压力杆的荷重,但压力杆两端需加上加强系件以维持稳定。如帆船的桅杆为压力杆,缆索的作用在于防止桅杆倾倒和挫曲而无法抵抗压力(见图4-32)。

图 4-32 缆索系统构筑的景观

② 悬索系统是随力变形的结构系统,系统承受的是拉力。悬索系统与缆索系统不一样,缆索系统的荷重是沿缆索均匀分布的。悬索的下垂量越大,水平推力越小;下垂量越小,水平推力越大。悬索结构可以大致分为单曲、双曲和双向曲线结构。单曲悬索结构是在两个主要支撑点间有两条或两条以上平行曲线所组成,可以用此种系统直接悬挂屋顶或楼板,也可由次要杆件来做间接式的悬挂。单曲悬索结构用在桥梁上比较多见(见图4-33、图4-34)。

图 4-33 悬索结构(一)

图 4-34　悬索结构(二)

③ 帐篷是一种薄而富有弹性的拉力材料,其实它也是双曲悬索,只是在缆索间的材料是连续的薄膜。当跨距增大时,薄膜需要以缆索分散成若干块。帐篷主要靠帐篷面的曲线来传递荷载。如果帐篷的边缘是有弹性的,通常会形成凹形,可用缆索加强。帐篷是造型与结构合二为一的结构系统。帐篷结构的支撑方式和悬索结构的支撑方式类似,多用桅杆支撑(见图 4-35)。

图 4-35　帐篷结构

④ 充气结构是主要沿充气构造传递荷载。充气结构所受的反力方向一定与表面垂直。充气结构共有两种形式,即充气式和气承式。充气式的薄膜为单层,灌入空气使构造内的气压较室外高,以维持构造的形状。气承式则是以气灌出柱或拱的形状作为构造物(见图 4-36)。

图 4-36 充气结构

⑤ 薄壳系统,其结构为薄的曲面,将载重以压力、拉力及剪力的形式传递至支撑。薄壳适于曲线状且载重均布的建筑物,由于较薄,薄壳无法抵抗因集中荷载带来的弯曲应力。薄壳以形状来分,有球状薄壳、筒状薄壳、鞍形薄壳等。例如球状薄壳,其拱线是由球顶的垂直剖面得到的,当球顶承受均布荷载时,沿拱线所受的力均为压力。若球顶为半球顶,球顶上部通常很稳定,但底部容易发生挫曲(见图 4-37)。

图 4-37 薄壳系统

### 4.2.2 现代景观建筑设计使用材料的原则及连接方法

**1. 现代景观建筑设计使用材料的原则**

(1)受力合理,传力明确

现代景观建筑的主要表现不在于受力能力的大小,但不同的建筑必须承担一定的力的作用,因此,在现代景观建筑设计中更应该把力的传递与受力巧妙地融入艺术设计之中,真正做到艺术与技术的有机结合。

(2) 充分发挥材料的性能

从以上的分析我们知道,不同材料具有不同的性能。比如,就力学性质而言,钢材有较好的抗拉能力,而混凝土的抗压能力则比较突出,因此,在运用时,要注意把各自突出的性能发挥出来。木材、石材的天然质感,是人造材料无法比拟的,在现代景观建筑设计中要充分利用这一特点。

(3) 具有施工的可能性。

(4) 美观适用。

**2. 现代景观建筑设计使用材料的连接方法**

根据材料的不同,在组成结构时的连接方法也各异。其中最基本的连接方法有胶接、榫接、焊接三种,在具体设计中,还可用插入件或连接件进行连接。

① 木构件连接:直榫、马牙榫、胶接加钉等形式。

② 钢构件连接:焊接、拴接、套接、铆接、节点球连接等。

③ 玻璃连接:胶接、通过其他构件连接。

④ 钢筋混凝土构件连接:现浇节点、节点板连接。

⑤ 钢构件和钢筋混凝土构件连接:开脚锚固、与预埋件节点焊接、膨胀螺栓现场安装。

⑥ 陶瓷、砖等块材以及砌体的连接:一般采用砂浆砌筑。

除此之外,不同材料之间的连接更应具体考虑(见图 4-38)。

图 4-38 不同材料之间的连接

## 4.3 现代景观建筑设计的成果事例五

现代景观建筑设计的成果事例五见附录 E。

## 4.4 课题设计

**【本章要点】**

4.1 本章主要讲述的是现代景观建筑设计中的材料及结构、构造方面的基本知识。通过对材料性质、特点的分析,提出现代景观建筑设计中应巧妙利用材料方面的优势,以更好地服务于设计表达。

4.2 本章建议 12 学时。

**【思考和练习】**

4.1 题目:通过学习有关材料的知识,你认为通常用于现代景观建筑的材料有哪些?自行设计两种环境气氛和类型的景观建筑,并分别用文字说明在进行材料选择时你的考虑因素。

4.2 要求:

4.2.1 有一定的市场调查和材料收集及分析能力;

4.2.2 对不同材料及结构的艺术表现力能自如地运用。

4.3 作业成果:

4.3.1 进行景观建筑材料的调查与分析,总结并写一篇论述性的文章,字数不少于 800 字,同时要提出新的观点或论点;

4.3.2 用绘画等艺术表现形式表达自己对材料的运用和选择的理解及认识,并分析表达所选材料的结构特点。

# 5 实用性现代景观建筑设计

## 5.1 实用性现代景观建筑的分类及特点

### 5.1.1 实用性现代景观建筑的分类

根据使用性质的不同,现代景观建筑基本上可以分为两大类。第一大类是物质功能与精神功能并重的现代景观建筑,即指那些本身具有较强的实用功能的同时,其造型设计、立意等方面也极具特色,使之能够成为环境中极为抢眼的视觉主角,能够烘托气氛、点染环境的建筑,如一些设计新颖的服务类景观建筑、交通类景观建筑(码头、桥梁)等。实用性现代景观建筑也包括那些精神功能超越物质功能的建筑,这类现代景观建筑的特点是对环境贡献较大、具有非必要性的使用功能,多为休闲、娱乐之用,如一些亭、台、廊、榭等园林类建筑均属此类。第二大类则是指那些只具有精神功能基本上不具备任何使用功能的现代景观建筑,其主要作用只是装点环境、愉悦人们的精神,是最为纯粹的景观建筑,此类建筑物包括露天的陈设、小型点缀物等,如雕塑、喷泉、水池、花坛、标志等。第二大类现代景观建筑我们将在第六章——小品类景观建筑中给大家陈述。

### 5.1.2 实用性现代景观建筑的特点

实用性现代景观建筑代表着一种新的建筑创作理念,其特点是把景观分析融入现代建筑的设计之中,通过景观评价来确定现代建筑在景观体系和自然环境中的角色定位。所以,实用性现代景观建筑是包含于景观设计体系之中的。它要求我们运用现代景观设计理念和生态技术,建造与自然生态环境和社会历史文化更加和谐的建筑。实用性现代景观建筑是现代景观设计理念、方法和文化背景相结合而形成的对建筑设计的新的审美方式和创作手段。

**1. 反映现代建筑空间特征**

① 注重人与环境融合的空间实用性现代景观建筑可以单独成景,也可以与山石、植物等组合成景。如环绕的廊架与参天的大树组合而成的休息亭,就充分考虑了廊建筑与环境的有机结合,在休息亭的中部保留了原来的大树,以自然生长的树冠为亭顶,使之既保护了生态,更有"树亭"的艺术效果——"亭中有树,树中有亭"。实用性现代景观建筑通过自然与人工的结合,突破了传统的空间形式,既表达了现代建筑更注重对自然环境的利用和保护,也显示了人对自然的尊重与和谐关系——天人合

一的最高境界。

② 多个空间的组合。实用性现代景观建筑出现了由几个大小相同或不一的景观建筑联成一体，形成多空间组合，这也是传统建筑形式在现代建筑手法中的具体运用。这种连接绝不是纯机械性的捆绑，而是巧妙的结合。由于使用了多个建筑的组合空间而不再是单一的空间，空间在此流转、贯通，更添情趣（见图5-1）。

**图 5-1　苏州博物馆**

同时，实用性现代景观建筑的整体组合又富有创意，建筑不再局限于其本身，而是将其与楼、台、廊、榭这些园林建筑组合成一体，并且将其有机地穿插、交错、结合起来。如世锦园11号别墅庭园中的景亭（见图5-2），在巧妙地解决了坡地高差问题的同时，成功地使空间实现了水陆过渡、停顿与转换，该景亭通过高度集中的浓缩、提炼在此又得以升华，使其成为庭园中的点睛制作。再加上周边树木、水景的精心配置，给人一种清新悦目、舒展亮丽的感觉。

**图 5-2　世锦园 11 号别墅庭园中的景亭**

## 2. 反映现代建筑形式特征

我国的绘画传统历来讲求"以形传神"。在一定的自然环境下,实用性现代景观建筑的性格特征,必须通过一定的"形"来体现,只有在一定的外形中,才能蕴含内在特征,达到"传神"。

(1)抽象的形式语言

如图 5-3 所示,虽然该建筑没有使用多少构件和装饰,但其简单而抽象的爱奥尼克柱式以及半圆形"穹顶"的建筑语言与符号,足以表达其主题内容。究其原因,就是它不是照搬式的复古,更不是嫁接拼凑,而是采用文学的方法,运用"语言学"的概念,用比拟和隐喻来象征建筑文化的连续性,使用含蓄的暗示,令人产生联想。此外,可以将古代的、传统的、西方的构图形式、空间形式结合现代建筑的审美、材料、技术等加以抽象、隐喻、综合,最终实现并丰富建筑的艺术构图。

图 5-3 现代欧式亭

(2)重视艺术构图

在崇尚个性化的现代社会中,实用性现代景观建筑也注重形式的多样性和时尚感,充分反映了现代建筑的个性化特征。如图 5-4 所示的为临沂汽车站新站,占地

图 5-4 临沂汽车站新站站房建筑

33.3公顷,是全国最大的客运站之一,站房楼总建筑面积3.1万平方米,由售票、候车、检票三个大厅和巨型彩虹拱组成。彩虹拱跨度264 m,高40 m,是我国单体跨度最大的拱。这种景观建筑形式的出现,也是新型建筑材料产生的必然结果,表达了新材料、新技术以及新的设计观念,在提供售票、候车的同时,该建筑更具有一种雕塑性和时代感。

**3. 反映现代建筑材料特征**

实用性现代景观建筑,可以采用各种建筑材料用以表现不同的景观建筑特征,因而极富个性。图5-5是采用不锈钢与聚酯材料建成的一座亭建筑。由于这两种新型材料的使用,使得它从外观上就给人以轻巧、灵便、活泼的现代景观建筑印象。亭顶在使用了聚酯材料之后,呈透明状,使得空间更加通透,更容易与其所处的周围环境相互渗透,将传统亭建筑"空灵剔透"的空间气质发扬光大。亭顶在形式上,则使用了圆屋顶用以代替传统的坡屋顶,既简约大方又富于变化,呈现出现代建筑简洁、明快的造型特色。

图5-5 现代材料的亭建筑

**4. 反映现代建筑结构特征**

实用性现代景观建筑往往造型新颖别致,大胆运用现代建筑结构和材料,以及全新的设计理念和空间形式。钢筋混凝土材料以及各种轻型材料、薄膜材料的运用,使得现代景观建筑的设计无论从平面上,还是立面上都更加灵活自由,无固定模式,因而产生了大量造型独特的建筑。它们点缀于现代景观中,往往成为该地区的标志或主题。如图 5-6 所示的是位于福州闽江公园的"泽南方舟"入口的张拉亭。该建筑由于使用了张拉薄膜结构,建筑的形式极富力度感和曲线美,宛如在天空中划出的一道道优美的天际线,给人以潇洒、轻逸与愉悦的感受。同时,也更好地表达出作为景观建筑的标志性、施工便利性和经济实用性等特点。

图 5-6　闽江公园"泽南方舟"入口

## 5.2　实用性现代景观建筑的设计要点

### 5.2.1　园林类现代景观建筑

中国园林历史悠久,造园艺术博大精深,在全世界都享有崇高的声誉。中国古典园林构图自然、布局灵活、巧于借景、因地制宜的创作手法,在现代景观设计中仍发挥着极其重要的作用。作为现代景观设计工作者,我们既要善于学习古典园林的传统特色和神韵,又要充分利用现代新材料、新技术,营造优美的环境空间,供人们观赏、游憩、娱乐,在现代城市的钢筋混凝土森林中,重新回归大自然的乐趣。

风景园林的规模大小不同、内容繁简不一,但都包含着四种基本的要素:土地、水体、植物、建筑。因此,筑山、理水、植物配置、建筑营造便相应成为四个主要的造园手段。而园林建筑比起山、水、植物,较少受到自然条件的制约,人工的成分最多,因此也是造园手段中运用最灵活最积极的一个手段。

**1. 亭**

我国古典园林中的亭子,主要供游人休息和观景之用。在造型上,亭子小而集中,有其相对独立而完整的建筑形象,因此,也常作为造园中"点景"的一个手段。亭一旦进入了现代城市,就成了城市环境中一个小巧而多变的精灵,设计精巧的亭建筑往往成为环境空间的焦点性景观,具有良好的景观空间与视觉效果。亭建筑作为城市环境的独特组成部分,已成为城市环境不可缺少的整体化要素。

**1) 亭的特点**

① 在造型上,亭子一般小而集中、向上,造型上独立而完整。亭的立面一般可划分为屋顶、柱身、台基三个部分。柱身部分一般仅为几根承重的立柱,做得很空灵,屋顶一般造型变化丰富,台基随环境而异。它立面上的造型、比例关系、色彩等比其他建筑能更自由地按设计者的意图来确定,因此,从四面八方各个角度看过去,它都显得独立而完整、玲珑而轻巧,很适合点缀风景的要求。

② 亭子的结构与构造虽繁简不一,但大多比较简单,施工制作上也比较方便。古代建亭,通常以木构瓦顶为多,亭体不大、用料较少、建造方便。现在则多用钢筋混凝土结构,也有用预制构件及竹、石等地方性材料,也都经济便利。亭子所占地盘不大,小的仅几平方米,因此,建造起来比较自由、灵活,选址上受到的约束较小。

③ 亭的功能,主要是为了满足人们在游赏活动过程中驻足休息、纳凉避雨、纵目眺望之需要。亭与其他建筑之间在功能上一般没有什么必须的内在联系,因此,设计时就可以主要从景观建筑空间构图的需要出发,自由安排,最大限度地发挥其艺术特色。

**2) 亭的空间功能**

① 独自成景。作为景区的趣味中心、视线的焦点而存在,位置突出,能充分利用借景、对景的园林设计手法,揽周围美景于视线范围之内。如颐和园中,为借玉泉山玉峰塔入园而在昆明湖东部设岛并建知春亭,亭突出湖面,成为东部景观的视觉焦点,置身亭中,玉泉山、昆明湖、万寿山、西堤尽收眼底(见图5-7)。

**图 5-7　颐和园知春亭**

② 点景、补白。为增加景观层次,在景观相对单调的地方置亭,借以活跃空间气氛和改善环境。如颐和园霁清轩东侧的廊如亭,由于组群西、南两侧建筑较多,在此设亭以取得整体构图的均衡,也打破后面弧廊的单一构图(见图5-8)。

图 5-8　颐和园廊如亭

③ 空间的过渡。位于墙、廊或建筑之间,作为建筑空间序列的停顿,不同性质空间的转换、过渡。如图5-9所示的两座亭子暗示人们是到了水陆交接处和湖中心了。

图 5-9　某公园湖边两座亭子

④ 陪衬。以其自身的形体衬托主体建筑,增强对比,突出主体建筑,完善组群构图,丰富组群景观。苏州虎丘中的千年塔与几座小亭分别位于山之腰和山之麓,二者体量差别悬殊,形成鲜明对比,突出了千年塔的体量同时也完善了组群的构图(见图5-10)。

此外,亭的空间功能是复合的,考察的角度不同会产生不同的结论。如谐趣园中位于连廊转折处的饮绿亭,承担着空间过渡的作用,但从全园整体角度考虑,它位于

"L"形湖面的内凸角,纵览全园之胜,是全园的视觉焦点,俨然为全园的主亭(见图 5-11)。

图 5-10 虎丘千年塔　　　　　　　　图 5-11 谐趣园中的饮绿亭

### 3)亭的设计要点

**(1)亭的位置选择**

亭的基址选择的总原则为:从主要功能出发或点景,或赏景,或休憩,应有明确的目的,进而结合景观环境,因地制宜,扬其基址特点,配合恰当的造型,才能各尽其妙,构成一幅优美的风景画面。如北京颐和园的知春亭,位于景区的起点,环境优美,吸引游人至此驻足停留,成为游人必经的休息点;亭的前方视野开阔,在此可纵观昆明湖辽阔水面,并尽赏万寿山全貌及佛香阁的雄姿;遥对西堤,可借园外玉泉山全景,成为赏景佳地。因此,在点景、赏景、供游人休息等方面都达到了尽善尽美的境界(见图 5-12)。

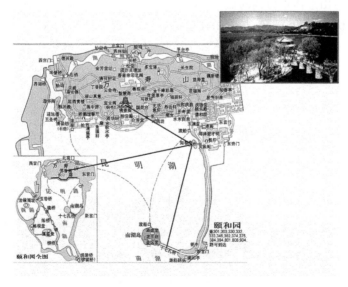

图 5-12 知春亭观景视线分析

现按景区地形基址情况,分析其主要几种基址的景观特点。

① 山地建亭。山地建亭可使视野开阔,适于登高远眺,山上设亭能突破山形的天际线,丰富山形轮廓。尤其游人行至山顶更需要稍做休息,山上设亭是十分必要的。但对于不同高度的山,建亭位置也有所不同。

a. 小山建亭。小山高度一般在5~7 m,亭常建于山顶,以增山体的高度与体量,更能丰富山形轮廓,但一般不宜建在山形的几何中心线之顶,以忌构图上的呆板。在苏州园林中,小山建亭多在山顶偏于一侧建亭。如拙政园的雪香云蔚亭、留园的可亭(见图5-13)。

图 5-13　留园可亭

b. 中等高度山建亭。宜在山脊、山顶或山腰建亭,唯亭应有足够的体量,或成组设置,以取得与山形体量协调的效果,如北京景山在山脊上建五座亭(见图5-14),体量适宜、体形优美、相互呼应,与景山体量协调,更丰富了山形轮廓。

图 5-14　景山五亭

c. 大山建亭。一般宜在山腰台地,或次要山脊,或崖旁峭壁之顶建亭,亦可将亭建在山道坡旁,以显示局部山形地势之美,并有引导游人的作用,如阿里山的茅草亭(见图5-15)、贵阳黔岭公园九曲径诸亭。此外,大山建亭切忌视线受树木的遮挡。

图 5-15　阿里山的茅草亭

② 平地建亭。平地建亭,远眺的意义不大,更多是赋予其休息、纳凉、游览之用。应尽量结合各种景观要素,如山石、植物、水池等,构成各具特色的景致。如葱郁的密林,幽雅宁静;花间石畔,绚丽灿烂;疏梅竹影,诗意绵绵。此外,亭还可设于道路交叉口、转折处或行进方向上有景观突变之处,这样不仅体现多面景观,还可供游人休息,能提高游人兴致,丰富景观(见图5-16)。

图 5-16　平地建亭

③ 水际建亭。水际安亭，借助水的特性创造环境气氛，如"借濠濮之上，入想观鱼；倘支沧浪中，非歌濯足"（《园冶》），就是通过亭和水来表达闲适自得，不为世俗所累的意境。谐趣园内的知春亭，则有"观鱼戏而知春"之意。

一般在小水面建亭宜低临水面，以细察涟漪（见图 5-17），如水面碧波坦荡，亭宜建在临水高台，或较高的石矶上，以观远舒展胸怀，各有其妙（见图 5-18）。此外，临水建亭，有一边临水、多边临水或亭完全伸入水中，四周被水环绕等多种形式。

图 5-17　小水面建亭　　　　　　　　图 5-18　大水面建亭

④ 廊间建亭。廊间置亭，可打破线性空间的单调或突出转折，提示空间序列的开始和结束，增加组群的起伏变化，丰富景观。

⑤ 桥上建亭。亭与桥相结合称之为桥亭。桥上建亭本是为路人遮风挡雨，防止木构腐朽过快，称之为风雨桥。现代的桥亭除起到这些作用以外，最重要的是让游人能驻足凭栏观景，丰富桥的造型。位于西堤之上的柳桥、练桥、幽风桥、镜桥 4 座桥亭，形态各异，丰富了景区的景致，并与景明楼、玉带桥一起将西堤分成 7 段，每段 300 m 左右，与人的步行距离一致，这样就缩短了西堤的心理长度，游人漫步于长堤之上驻足休息观景的同时，亦可减轻疲劳感。四会柑乡大桥观光亭（见图 5-19）位于四会旧城区中山路口对应西沙畔江开发中段的柑乡大桥上，桥长 305 m，桥宽 14 m，而机动车道与观光亭廊各占 7 m。为满足观光旅游需求，桥上布置设计五组重檐双亭与观光廊连接一起，体型稳重，极为壮观。它是城市交通桥上一道亮丽的风景线，也是吸收古代风雨桥造亭经验基础上的创意表现，值得推敲。

(2) 亭的形式与尺度

亭虽体积不大，但在景观建筑中占有相当的比重，其造型的变化非常之多。亭的造型主要取决于它的平面形状、平面上的组合以及屋顶形状等。

① 亭的平面。亭体量小，平面严谨。自点状伞亭起，三角、正方、长方、六角、八角以至圆形、海棠形、扇形，由简单到复杂，基本上都是规则几何形体，或再加以组合变形。根据这个道理，可构思其他形状，也可以和其他建筑如花架、长廊、水榭组合成一组建筑。亭的平面组成比较单纯，除柱子、坐凳（椅）、栏杆外，有时也有一段墙体、桌、碑、井、镜、匾等。

**图 5-19 四会柑乡大桥观光亭**

三角亭(见图5-20)。这种亭体积特别小,主要是起点缀作用。这种亭只有三根支柱,因而显得极为轻巧。近年来,新建风景点采用亦较多,如杭州西湖"三潭印月"的三角桥亭,以及广州烈士陵园中的三角休息亭。也有单纯为起点景作用而设置的三角亭,如广州中医院的三角亭,是一座由混凝土塑造为竹质感材料的观赏亭,别有一番新意。三角亭给人以尖锐、俊俏、坚固、轻巧的感觉。

**图 5-20 三角亭**

a. 正方形、五角形、六角形、八角形亭。这是最常见的亭式。一般为单檐或重檐，也有三重檐的，它们形态端庄均衡，可独立设置，也可与廊道结合在一起，重檐较单檐在立面轮廓线上更为丰富，结构稍为复杂，亭与廊结合往往采用重檐形式。以往皇家园林中由于园林规模大，体型考虑丰富，因此多用重檐亭。如北京颐和园的廊如亭，是一座八角重檐特大型的亭子，它的面积达一百三十多平方米，由内外三圈二十四根圆柱和十六根方柱支承，体型稳重，极为壮观。在南方园林中，重檐的多角亭也很常见，但体型一般比北方的要小。三重檐亭，是亭中最庄重的一种形式，一般很少见，这种亭不但体积大，而施工质量、工艺要求也比较高。给人以坚固、强壮、质朴、稳重的感觉(见图 5-21、图 5-22)。

图 5-21　八角重檐亭

图 5-22　八角三重檐亭

b. 组合式亭。其组合有两种方式：一种是两个或两个以上相同形体进行组合，另一种是一主体与若干个附体的组合。不论是那种组合式，都是为追求体型组合上的丰富和变化，寻求最美的轮廓线。如图 5-23 所示的平面上是两个四角形亭的并列组合，采用单檐攒尖顶，若视线从昆明湖望过去，仿佛是两把并排打开着的大伞，挺立在山脊上，显得格外轻巧美观。组合亭中还有另一种就是把若干个亭子按一定的建筑构图规律排列起来，形成一个丰富的建筑群体，形成层次分明，体型多变的建筑形象和空间组合，如扬州瘦西湖上的五亭桥(见图 5-24)，是组合得相当得体的例子。

图 5-23　四角攒尖双亭

图 5-24　瘦西湖五亭桥

c. 半亭(扇亭)。这种亭一般依墙而建造,自然形成半亭,有的在墙的拐角处或围廊的转折处作出四分之一的圆亭形成扇面形状,如苏州狮子林内的扇面亭(见图5-25)。

d. 圆亭。古典式的圆亭多具有斗拱、挂落、雀替等装饰。圆亭的造型美,全在于体型轮廓美,有单个或组合型,如北京天坛公园中的两个套连在一起的双环亭(见图5-26),是重檐式,它与低矮的长廊组成一个整体,显得圆浑雄健。圆亭给人以愉快、温暖、柔和、开展的感觉。此外,园亭的平面布置,一种是一个出入口,终点式的;还有一种是两个出入口,穿过式的。式样的选择应视亭大小及周围的环境而定。

图 5-25　狮子林扇面亭

图 5-26　天坛双环亭

e. 现代亭。现代亭建筑往往已无冀角起翘,而且造型新颖别致,运用现代结构和材料,以及全新的设计理念和空间形式。由于钢筋混凝土材料以及各种轻型材料、薄膜材料的运用,使得现代亭建筑的设计无论从平面上,还是立面上都更加灵活自由,无固定模式,因而产生了大量造型独特的亭建筑。它们点缀于现代景观中,往往成为该地块的标志或主题。常见的形式有平顶亭、蘑菇顶亭、伞亭、构架亭、钢构架玻璃亭、张拉亭等(见图 5-27)。

② 亭的立面。亭的立面因款式的不同有很大的差异,但有一点是共同的,就是内外空间相互渗透,立面显得开畅通透。个别有四面装门窗的,如苏州拙政园的塔影亭(见图 5-28),这说明其功能已逐渐向实用方面转化。

③ 亭的屋顶。亭的屋顶有单檐、二重檐、三重檐等,虽然以攒尖顶为多,也有用歇山顶、硬山顶、盔顶、卷棚顶、平顶等形式。国外的亭也有欧式古典、阿拉伯、伊斯兰等各地域民族和宗教的形式。近年来,国内有些地方所建的亭的屋面形式确实多种多样。要注意亭建筑平面和组成均甚简洁,因此屋面变化不妨多一些。如做成折板、弧形、波浪形,或者用新型建材,或者强调某一部分构件和装修,来丰富亭建筑外立面。如要做成仿自然、野趣的式样,目前,用得多的是仿竹、松、棕榈等植物外形,材料为真实石材或仿石材,用茅草作顶也特别有表现力。

④ 屋顶、亭身、开间的比例关系。在亭的整体造型上,屋顶、亭身及开间三者的大小、高低在比例上有密切联系,其比例是否恰当对亭的造型影响很大,如有的亭给

图 5-27 现代亭

图 5-28 拙政园塔影亭

人以头重脚轻之感,有的则给人以头小躯胖之感,其主要原因在于这三者比例的不当。此外,亭的形象感还与其他因素有关,如周围环境因素、气候因素、地区建筑形式及人们的习俗等。如同样是植物园内的中国亭建筑,牡丹园和槭树园就有所不同。

牡丹亭必须重檐起翘,大红柱子,槭树亭则白墙灰瓦足矣,这是因其所在的环境气质不同而异;同样是欧式圆顶亭,高尔夫球场和私家宅园的大小有很大不同,这是因其所在环境的开阔郁闭不同而异;同是自然野趣,水际竹筏嬉鱼和山腰观鸟不同,这是因其环境的功能要求不同而异。所以,亭的比例关系不是固定不变的,而是随有关因素的变化而随意酌定。因此,屋顶、亭身、开间三者比例虽密切相关,但又难以找到绝对的、固定的数值关系。

从单檐的攒尖亭,可以看出,屋顶与亭身高度大致相等,即屋顶高度约等于亭身高度,但不同类型的亭以及不同环境因素对其比例影响较大,如一般南方亭的屋顶较高大,因而屋顶高度则略大于亭身高度,而北方亭则相反。又如环境因素的不同,可以引起视觉的差异,当位于高处的亭因仰角大,而屋顶则应增高些(见图 5-29);同样,位于低处的亭,因俯视的原因,其屋顶则应矮小些,以达到预期的效果。而开间与柱高的比例关系因亭的平面形状不同又各有区别,一般存在如下比例关系。

四角亭:柱高:开间=0.8:1。
六角亭:柱高:开间=1.5:1。
八角亭:柱高:开间=1.6:1。

图 5-29　仰视亭,屋顶宜略高

(3)亭的细部与装饰

从古典风格的亭来看,我国的亭有南北两派之分。北派亭体量较大,浑厚持重,亭身装饰多用红、黄、绿、蓝等明艳色彩,檐下常有以蓝、绿冷色为基调的彩画,亭顶为黄、蓝、橙色琉璃瓦,显得庄重而富丽堂皇,与环境对比十分强烈;南派亭体量较小,开敞灵秀,亭身装饰多用灰、棕褐及黑色,亭顶为小青瓦或筒瓦,简朴素雅,与环境相处十分和谐。

从现代风格的亭来看,南北风格已逐渐融合了,但北方造亭木构一般采用直梁、直柱、大木构件,用材粗犷,线条轮廓较硬直,呈现出一种稳重质朴的艺术风格和浑厚端庄的美。而南方造亭用材比较细巧挺秀,线条、轮廓柔和,表现出绚丽多姿的艺术风格和线条舒展的美。当前,南北方都采用钢筋混凝土梁柱框架建亭,在钢筋混凝土制亭的设计中,体量应适宜,尺度应恰当、形制应细巧、工艺应精致,特别是目力所及的构件细部要做得细致精巧,对于一些采用钢筋混凝土构件在细部表现上不尽如人意的地方,还应考虑使用木材等传统材料的配合,不必强求一致。

### 2. 廊

廊本来是作为建筑物之间的联系而出现的中国木构架体系的建筑物。一般个体建筑的平面形状都比较简单,通过廊、墙等把一栋栋的单体建筑物组织起来,形成了空间层次上丰富多变的建筑群体。

廊被运用到园林中以后,它的形式和设计手法就更为丰富多彩了。当我们观察一些中国园林的平面图时就会看到,如果把整个园林作为一个"面"来看待,那么,亭、轩、馆等建筑物在园林中可视作"点",而廊、墙这类建筑则被视为"线"。通过这些线的联络,把各分散的"点"联系成为有机的整体,它们与山石、植物、水体相配合,在园林"面"的总体范围内形成了一个个相对独立的"景区"。

**1)廊的特点**

① 廊实质上是带有屋顶的道路,它的一个很大的特点就是立面是开敞的,形成可连续的开放空间。

② 从空间组织上看,廊可以理解为室内外化与室外内化的复合空间。

③ 从构造方式上看,中国木构架建筑是梁柱、棱柱承重体系。"墙倒屋不塌",墙体是非承重构件,可厚可薄、可有可无,是形成廊这类建筑形式的便利条件。

④ 廊具有系列长度的特点,能适合一些展出的要求。

**2)廊的作用**

(1)连接建筑

在很多园林中都是运用廊来联系单体建筑组成群体空间。如拙政园,就是用廊接连四面建筑围成中庭水景的空间(见图 5-30)。

**图 5-30　拙政园长廊**

(2) 组织交通

在我国南方多雨的地区如苏杭,廊更为普遍地应用在园林建筑之间,起到通道与导游路线的作用。游人循廊而行,可将园内景区空间组织在连续的时间顺序中,使景色更富时空变化,达到步移景异的效果(见图 5-31)。

图 5-31　南方某广场中的游廊

(3) 划分并围合空间

用廊把单一的景区划分为两个以上的局部空间,而又能互相渗透丰富空间景观的变化。如我国苏州园林常用曲廊增加空间变化,巧妙地创造出各种室内外交融的空间。

(4) 组廊成景

廊的平面能自由组合,本身通透开敞宜与室外空间结合。人在廊中可避日晒雨淋、休息赏景,近处又有坐凳,挂落自成框景。由外面观看廊时既有统一格调,又通透变化与景观环境协调,容易组成完整独立的景观效果。

(5) 展览作用

过去通常在廊的一面墙上展出书法、字画、石刻,而在现代景观中,廊的一面墙通常会开设橱窗展示工艺、雕塑、科普、模型等,也有用花格博古架展出花卉盆景等装饰品的(见图 5-32)。

图 5-32 郎木寺的转经廊

**3) 廊的形式**

现代景观建筑中廊的结构通常有木结构、砖石结构、钢筋及混凝土结构、竹结构等。廊顶有坡顶、平顶和拱顶等。中国园林中廊的形式和设计手法丰富多样,《扬州画舫录》列举说:"板上砖,谓之响廊;随势曲折,谓之游廊;愈折愈曲,谓之曲廊;不曲者修廊;相向者对廊;通往来者走廊;容徘徊者步廊;入竹为竹廊;近水为水廊。"

廊按结构形式可分为双面空廊、单面空廊、复廊、双层廊和单支柱廊五种。按廊的总体造型及其与地形、环境的关系可分为直廊、曲廊、围廊、爬山廊、水廊、桥廊、堤廊等。

**(1) 双面空廊**

双面空廊两侧均为列柱,没有实墙,在廊中可以观赏两面景色。双面空廊不论直廊、曲廊、回廊、抄手廊等都可采用,不论在风景层次深远的大空间中,或在曲折灵巧的小空间中都可运用。北京颐和园内的长廊(见图 5-33)就是双面空廊,全长 728 m,北依万寿山,南临昆明湖,穿花透树,把万寿山前十几组建筑群联系起来,对丰富园林景色起着突出的作用。

图 5-33 颐和园长廊

(2) 单面空廊

单面空廊有两种形式:一种是在双面空廊的一侧列柱间砌上实墙或半实墙而建的,一种是一侧完全贴在墙或建筑物边沿上。单面空廊的廊顶有时做成单坡形,以利排水。

(3) 复廊

在双面空廊的中间夹一道墙,就成了复廊,又称"里外廊"。因为廊内分成两条走道,所以廊的跨度大些。中间墙上开有各种式样的漏窗,从廊的一边透过漏窗可以看到廊的另一边景色,一般设置两边景物各不相同的园林空间。如苏州沧浪亭的复廊就是一例(见图 5-34),它妙在借景,把园内的山和园外的水通过复廊互相引借,使山、水、建筑构成一个整体。

图 5-34　沧浪亭复廊

(4) 双层廊

双层廊为上下两层的廊,又称"楼廊"。它为游人提供了在上下两层不同高度的廊中观赏景色的条件,也便于联系不同标高的建筑物或风景点以组织人流,可以丰富园林建筑的空间构图。

(5) 单枝柱廊

近年来,由于钢筋混凝土结构的运用,出现了许多新材料、新结构的廊。最常见的有单支柱廊(见图 5-35),其屋顶有平顶或作折板,或作独立几何状连成一体、各具形状,造型新颖,体型轻巧、通透,在新建的风景绿地中备受欢迎。

图 5-35　单支柱廊

(6) 爬山廊

爬山廊建于山际，不仅可以使山坡上下的建筑之间有所联系，而且廊随地形有高低起伏变化，使得景观更加丰富，这类廊宜在面积较大的地块内布置。

(7) 水廊

水廊一般凌驾于水面之上，既可增加水面空间层次的变化，又使得水面倒影成趣。

(8) 桥廊

桥廊是在桥上布置廊，既有桥梁的交通作用，又具有廊的休息功能（见图 5-36）。

图 5-36　馀荫山房桥廊

### 4) 廊的设计要点

计成在《园冶》中说："宜曲宜长则胜，……随形而弯，依势而曲。或蟠山腰、或穷水际，通花渡壑，蜿蜒无尽……"这是对园林中廊的精练概括。

(1) 廊的位置与空间组合

在景区的平地、水边、山坡等各种不同的地段上建廊，由于不同的地形与环境，其作用与要求也各不相同。

① 平地建廊。在小空间或小型园林中建廊，常沿墙及附属建筑物以"占边"的形式布置。型制上有在庭园的一面、两面、三面和四面建廊的，在廊、墙、房等围绕起来的庭园中部组景，形成兴趣中心，易于组成四面环绕的向心布置，以争取中心庭园的较大空间。如苏州王洗马巷万宅的客厅与书斋后院的一个花园，庭园很小，处境僻静，书房东面正对庭院，园内东部沿外墙叠砌假山，假山上东北角置六角小亭，南部建方亭，高度不同、彼此呼应。院子西北角绕以回廊，以廊穿过客厅与书房，紧贴南墙成斜道与方亭相接，廊成环抱状与东部的假山一起围合了庭园空间。西侧设小院，内点缀湖石，植以丹桂，使书房四周均有景可观，可感到格外幽静。

② 水边或水上建廊。供欣赏水景及联系水上建筑之用，形成以水景为主的空间。水廊有位于岸边和完全凌驾于水上的两种形式。位于岸边的水廊，廊基一般紧接水面，廊的平面也大体贴紧岸边。如南京瞻园沿界坡的一段水廊，廊的北段为直线形，廊基即是池岸，廊一面倚墙、一面临水，在廊的端部入口处突出一个水榭作为起点

处理,在南面转折处则跨越水头成跨水游廊。廊的布置不但克服了界墙的平板单调,丰富了水岸的构图效果,也使水池与界墙之间的狭窄通道得以充分利用。由于廊的穿插联络还使假山、绿化、建筑、水体结合为一个非常美观的整体(见图 5-37)。

图 5-37　詹园水廊

北京颐和园谐趣园中迤逦曲折的游廊也是顺着池边布置。为求自由活泼,廊有曲有直,有时跨越溪涧,有时退入池岸深处,穿梭于翠竹、松林、叠石之间。通过游廊把零散的建筑结合为一个整体,没有零乱散漫的感觉。在宏大的皇家园林一隅,它自成格局地形成一个以水面为主体的园中之园。

③ 桥廊在我国很早就开始运用,它与桥亭一样,除供休息观赏外,对丰富园林景观也起到了很突出的作用。桥的造型在园林中比较特殊,它横跨水面,在水中形成侧影而别具风韵,引人注目。桥上设亭、廊更可锦上添花。如苏州拙政园松风亭北面一带的游廊特别曲折多变,其中"小飞虹"一段是跨越水面上的桥廊,形态纤巧优美,前后都与折廊相连通,可达"远香堂"和"玉兰堂"等主体建筑,在划分空间层次、组织观赏线上起着重要的作用。

④ 山地建廊可供游人登山观景和联系山坡上下不同高程的建筑物之用,也可借以丰富山地建筑的空间构图。爬山廊有的位于山之斜坡,有的依山势蜿蜒转折而上。廊的屋顶和基座有斜坡式和层层登落的阶梯式两种。

北京颐和园排云殿两侧的爬山廊,山势坡度很大,为强调建筑群的宏伟感,建廊以联系不同标高上的建筑物,动用了较大的土方,砌起巨大的石壁,造成斜廊的坡度和梯级,顺排云殿两侧的爬山廊登高至德辉殿,人工的雄伟气势令人赞叹。再往上,围绕在 38 米高佛香阁外圈的四方形回廊建于高大石台的边缘上,无论从它在佛香阁一组建筑群中所起的艺术作用,还是从其本身的艺术价值上看,它的设计都是十分成功的。

(2) 廊的尺度

廊的形式以玲珑轻巧为主,尺度不宜过大,一般净宽 1.2~1.5 m,柱距 3 m 以上,柱径 15 cm 左右,柱高 2.5 m 左右。沿墙走廊的屋顶多采用单面坡式,其他廊的屋面形式多采用两坡顶。

(3) 廊的灵活运用

① 从总体上应有自由开朗的平面布局。活泼多变的体型,易于表达景观建筑的气氛和性格,使人感到新颖、舒畅。

② 廊是长形观景建筑物,因此是否考虑游览路线上的动观效果,是廊设计成败关键。廊的各种组成,如墙、门、洞等是根据廊外的各种自然景观,通过廊内游览观赏路线来布置安排的,以形成廊的对景、框景,空间的动与静、延伸与穿插,道路的曲折迂回。比如透过空廊来互相借两边的景色,使之彼此反衬,空廊两边的景色还能构成对面景色的远景或背景,从廊的门洞、露窗、花窗来窥见另一空间的景色。这样则可吸收远处的景物,同时加强空间的层次感。如果被吸收的景物恰好在门洞或窗口中央,则好似一幅画嵌在镜框之中,使廊如一条有挂画的画廊(见图 5-38)。

**图 5-38　留园中的长廊**

③ 廊从空间上分析,可以是"间"的重复,要充分考虑到这种特点,有规律的重复,有组织的变化,形成韵律、产生美感。

④ 廊从立面上,突出表现了"虚实"的对比,从总体上说是以虚为主。这主要还是功能上的要求。廊作为休息赏景建筑,需要开阔的视野。廊又是景色的一部分,需要和自然空间互相延伸,融于自然环境中。

(4) 廊的细部与装饰

廊的建筑装饰是与功能结构密切结合的。檐枋下有挂落,古式多用木做,雕刻精细,新式多取样简洁坚固。廊下部置坐凳栏杆,既可供休息、起到防护作用又与上面挂落相呼应构成框景效果。在南方,为了防止雨水溅入及增加廊的稳定性,多将坐凳做成实体矮墙。一面有墙的廊,在墙上尽可能开些透窗花格,使之具备取景、采光、通风的功能,为了晚间采光还可做成灯窗。如北京颐和园乐寿堂。

传统廊的色彩,在南方与建筑配合时多使用以深褐色为主的素雅色彩,而北方则以红绿为主色,再配合苏式彩画的山水人物来丰富装饰的内容。新建的廊多使用新的水泥材料并以浅色为主,以取得明快的色调(见图 5-39)。

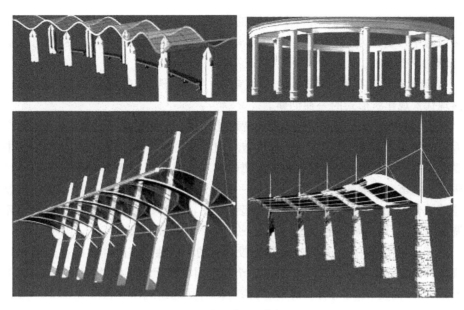

图 5-39　现代廊造型

**3. 花架**

花架是一种构件简单又十分灵活轻巧的景观建筑,它是景观中画龙点睛的建筑。花架的形式极为丰富,有棚架、廊架、亭架、门架等,所以也具有一定的实用功能。景观中的花架既可作为小品点缀,又可成为局部空间的主景;既是一种可供休息赏景的建筑设施,又是一种立体绿化的理想形式。设置花架不仅不会减少绿地的比例,反而因花架与植物的紧密结合可使园林中的人工美与自然美得到和谐的统一,从而提高花架的艺术效果和实用价值。

(1) 花架的特点

① 花架的功能多样。花架是一个空透的游憩空间,尤其在攀缘植物生长季节,花架可以为人们提供一个理想的休息及观赏周围景物的场所,花架可以在游览区内用来引导交通或阻止车行,在景区中还可以构成一个绿色步廊式的导游线;也可以作框景使用,将园中最佳景色纳入画面;花架还可以遮挡陋景,把园内既不美又不能拆除的构筑物,如车棚、人防工事的顶盖等隐蔽起来;花架还可以在造景中用作划分空间,增加景深、层次。总之,它的功能特点主要在于增加景区中空间绿色景观以及解决建筑过量的矛盾。

② 花架是一种受地域条件限制较低的景观建筑。花架一般由基础、柱、梁、椽四个构件组成。有些花架的梁和柱合成一体,所以是一种结构相当简单的景观建筑。由于结构简单,因此花架组合灵活轻巧,给人一种轻松活泼的感觉。在各类园林中不管是用地形状、空间大小、地形的起伏变化如何,花架都能组成与环境相和谐的形式;既可建成数百米的长廊架,也可以是一小段花墙;既可以组成一组环架,也可以建于屋顶花园之上;既可沿山爬行,也可临水或矗立于草地中央。总

之,它灵活多样的变化特点是比较突出的。因此,近年来应用相当普遍。它不仅在园林绿地中广泛应用,甚至在室内、商店、屋顶、天井内也有所见,成为美化丰富生活环境的重要手法。

③ 现代新建的花架,构思丰富、形式多样,在结构选材、色彩方面的发展,已成为我国现代景观建筑形式的一种创新。

花架在景观中的广泛应用,为设计者对花架建筑风格的继承和创新,开拓了广阔的天地。中国建筑重视环境设计,重视布局和建筑的组合构思,把人在建筑空间中的感受看得高于建筑本身,以意境为中心使建筑空间或景观空间具有诗情画意。目前我国各大城市中建成的花架已发展成为一种新的景观建筑形式。很多单体花架以及与建筑结合的混合型花架,不仅自身有起伏变化,也具有传统的纹络花饰,能与环境协调统一,成为烘托景观主题的内容之一。

④ 花架造价低、施工简便。花架在投资上的经济性是与园林中的古建筑和其他景观建筑比较而言的。花架虽然不能完全代替园林中厅、堂、楼、榭的多种功能,但造价低廉、施工简便、工时与材料的节省,都是任何其他建筑所无法相比的。一般花架造价约 $200\sim250$ 元$/m^2$,其他景观建筑需 $700\sim900$ 元$/m^2$,仿古园林建筑则高达 $1600\sim1800$ 元$/m^2$。在目前景观投资有限的条件下,建造适当的花架来降低景观建筑的投资标准,不仅不会影响景观艺术水平的发挥,而且可以增加环境中的绿量,是景观设计中一举多得的手法。

(2)花架的形式

① 廊式花架(见图 5-40)。最常见的形式,片板支承于左右梁柱上,游人可入内休息。

② 片式花架(见图 5-41)。片板嵌固于单向梁柱上,两边或一面悬挑,形体轻盈活泼。

图 5-40　廊式花架

图 5-41　片式花架

③ 独立式花架(见图 5-42)。以各种材料作空格,构成墙垣、花瓶、伞亭等形状,用藤本植物缠绕成型,供观赏用。

④ 组合式花架(见图 5-43)。花架可与亭廊等有顶建筑组合。其造型丰富,并为雨天使用提供活动场所。

图 5-42　独立式花架

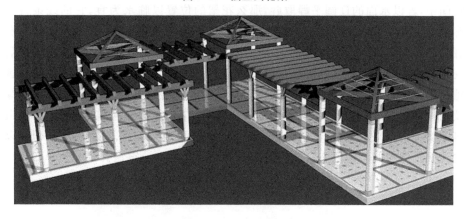

图 5-43　组合式花架

(3) 花架的设计要点

由于花架的结构形式简单,虽然可以创造出不拘一格的建筑形式,但是因为花架要在不同的造景中起不同的作用,所以它的设计和运用也与其他景观建筑设计一样,具有相应的规律性,必须给予应有的重视。

① 位置的选择。按照所栽植物的生物学特性,确定花架的方位、体量及面积等,尽可能使植物得到良好的光照及通风条件。

目前,应用于景观中的攀缘花架植物品种繁多。由于它们的生长速度、枝条长短、叶和花的色彩形状各不相同,因此,应用花架必须综合考虑所在地块的气候、地域条件、植物特性,以及花架在景观中的功能作用等因素,避免出现有架无花或花架的体量与景观效果不相适应等问题。

② 花架的尺度与造型。突出自身的风格特点使人感觉亲切的花架,首先要有一个适合于游人活动的尺度,花架的柱高不能低于 2 m,也不要高出 3 m,宽度也要在

2～3 m之间等；使人感到壮观的花架，也应在不失灵巧、空透的前提下，在与环境相协调的基础上，或以攀缘植物的枝、叶、花、果繁茂取胜，或以花架的引伸绵长、棚架的开阔壮观来体现。

花架的造型美往往表现在线条、轮廓、空间组合变化，及选材和色彩的配合上。但是造型美的集中表现应当是对植物优美姿态的衬托，以及反映环境的宁静安详或热烈等特定的气氛方面。因此，花架的造型不可刻意求奇，否则反倒喧宾夺主，冲淡了花架的植物造景作用，但可以在线条、轮廓或空间组合的某一方面有独到之处，成为一个优美的主景花架。此外，要充分利用任何一块可能被利用的空间来增加绿量、改善生态，美化和减弱建筑空间的呆板枯燥形象。花架门、花架墙、花架廊等都是以弥补建筑空间的缺乏和不足来创造花架的形式。

③ 充分考虑各种条件的制约，在功能上要满足游人休憩和观赏周围景色的要求；在艺术效果上要衬托主景，强调主景与环境的过渡。

花架形式既要受环境条件的限制，又必须与主景相协调。比如，以水为主景的景观空间中，若以水面的辽阔平静取胜，那么花架的位置以临水为宜，它的线条、色彩、轮廓应当具有变化丰富的特点，倒影既可点缀水面，又可衬托出水面的辽阔与安静（见图5-44）；若以瀑布喷泉、叠水为主景的动态水体，则花架就应当设置在观景最佳的视距处，造型应当简洁，色彩应较淡雅，这种处理会使主景显得热烈而奔放；景区中以植物为主景时，花架的作用往往是以划分空间增加景深为主，色彩与线条要和绿色以及植物的形态成鲜明的对比；以建筑为主景时，花架往往是建筑的延续，作为强调建筑的某种符号来设置，所以，其风格和色彩、形式都应当与建筑协调统一，但其以空透的花架及优美的植物姿态来装饰建筑的作用就显得十分突出。

图 5-44　静水边的花架

④ 材料的选用。由于钢筋混凝土承重能力强，坚固耐用，因此应用相当广泛。但是从经济角度来看，如果为了就地取材、施工简便、工程造价低，则选用竹、木结构，砖木结构也是十分可取的。竹、木结构的花架既可以设计得十分精巧，也可以建成一种临时性的构筑物。使用钢材等金属可以任意弯折，可以制成各种曲线形或钢架形的花架，为使花架的荷载不大，同样可以使用空心管材。

### 4. 榭

在景观建筑中榭与亭属于性质上比较接近的一种建筑类型，它们的共同特点是除了满足人们休息、游赏的一般功能要求外，主要起观景与点景的作用，是景色的点缀品。它们虽一般不作为景区内的主体建筑物，但对丰富景观视线和游览内容起着突出的作用。在建筑风格上也多以轻快、自然为基调，注意与周围环境的结合。榭与亭所不同的是，榭多属于临水建筑，在选址、水面及造型的规划设计上，更注重与水面和池岸的协调、配合。

（1）榭的形式与风格

在景观中建造水榭，或在水边，或在花畔，其功能表现为与花、树、水、桥各种元素之间的互动。它的建造方式较为简单，即在水边（或花丛侧畔）架起一平台，平台有一部分伸入水中，另一部分在岸边；平台用低矮的栏杆围绕，其上再筑以简便的顶盖，形成一个半闭合的室内空间。通常建筑平面为长方形，临水部分开敞，只有柱子开间，另外三面均为落地门窗，形式较轻巧，多为木、石、瓦构造，其装饰性、点缀性强。榭在南方尤其在江浙一带园林中很有代表性，如苏州拙政园的芙蓉榭（见图 5-45），它在中东部景区是一座重要景观建筑，四周立面开敞、简洁、轻快，与周围环境十分协调。

**图 5-45 拙政园芙蓉榭**

随着时间的推移，水榭这一南方园林特有的建筑形式，后来逐渐被北方皇家园林所吸收、利用。除了建筑形式保留外，其他诸如体形、比例、装修等工艺上都渗入了皇室建筑的色彩，建筑形式变得较为厚重、庄严，体量大而宽，屋顶高而拙。如北京颐和园中谐趣园的几组水榭，虽然是以江浙一带的园林作为蓝本，但却着力注入了本地的建筑色彩，如红柱、灰顶、彩画。建筑形式变得复杂，在一定程度上将"榭"的概念加以改变，由于使用上的需要，水榭之间均通过曲廊与其他园林建筑相连，使之形成一组庞大的建筑群体，很难再分出主体建筑与附属（点景）建筑的关系。

水榭的建筑多以木石构筑，形式简单、轻巧，却多种多样。在屋顶形式上表现为歇山式、庑殿式等。江浙一带私家园林中采用的屋顶形式较为活跃，屋角檐口多采用反翘出戗式样，使屋檐两端升起较大，形成展翅欲飞的趋势；皇家园林主要是北方流派的，其水榭构成因受帝皇意识和气候等因素的影响，其建筑屋顶多为歇山式，角檐平起，翘角岸起，显得比较浑厚持重；岭南园林中的水榭体型较为轻快，通透开敞，体量较小，屋盖出檐翼角，既没有北方用的重复角梁那么沉重，也不如江南用的出戗那么纤巧，它的做法介乎两者之间，构造简易，造型轮廓柔和而稳定、朴实（见图 5-46）。

**图 5-46　华南植物园水榭**

(2) 榭与水面、池岸的关系

作为一种临水的建筑物，就一定要使建筑与水面及池岸很好的结合，使它们之间配合得有机、自然、贴切。我国古典园林中建造水榭主要有以下几点经验。

① 水榭宜尽可能突出于池岸，造成三面或四面临水的形势。如果建筑物不宜突出于池岸，也应以伸入水面上的平台作为建筑与水面的过渡，以便为人们提供身临水面上的宽广视野。如北京颐和园中的"鱼藻轩"，建筑突出于昆明湖上，三面临水，后部以短廊与长廊相衔接。在水榭之中，不仅可观赏正面坦荡的湖景，而且向西透过烟波浩瀚的朦胧水景可观赏到玉泉山及西山群峰的景色，视野异常开阔，成为游人休息、观赏的好地方。

② 水榭宜尽可能贴近水面，宜低不宜高，宜使水面深入榭的底部，避免采用整齐划一的石砌驳岸。如在岸上的平地距水面高差较大时，也可以把水榭设计成高低错落的两层形式，从岸边下半层到水榭底层，上半层到水榭上层，从岸上看过去水榭仿佛仅为一层，但从水面上看为两层，图 5-47 中就是采取此种方式。

**图 5-47 高低错落型水榭**

③ 在造型上,榭与水面、池岸的结合以强调水平线条为宜。建筑物平扁贴近水面,有时配合着水廊、白墙、漏窗,平缓而开朗,再加上几株竖向的树木或翠竹,在线条的横、竖对比中一般能取得较好的效果。在建筑轮廓线条的方向上,榭与亭、阁那种集中向上的造型是不同的。

**5. 舫**

舫是依照船的造型建在水面上的园林建筑物。供游玩宴饮、观赏水景之用。舫是古代人民从现实生活中模拟、提炼出来的建筑形象。身处其中宛如乘船荡漾于水中。舫像船但不能动,所以又名"不系舟"。舫的前半部分三面临水,船首常设有平桥与岸相连。舫的基本形式同真船相似,宽约丈余,一般分为船头、中舱、尾舱三部分。船头作成敞篷,供赏景用;中舱最矮,主要是休息、宴饮的场所,舱的两侧开长窗,坐在里面有宽广的视野;后部尾舱最高,一般分为两层,下实上虚,上层状似楼阁,四面开窗以便远眺。舱顶一般作成船篷样,首尾舱顶则为歇山式样,轻盈舒展,成为园林中的重要景观。

在中国江南园林中,苏州拙政园的香洲是比较典型的实例(见图5-48)。北方园林中的舫是从南方引来的,著名的如北京颐和园石舫——清宴舫(见图5-49),它全长30 m,上部的舱楼原是木结构,1860年被英法联军烧毁后,重建时改成现在的西洋楼建筑式样。它的位置选得很妙,从昆明湖上看过去,很像正从后湖开过来的一条大船,对后湖景区的开拓起着启示作用。

图 5-48 拙政园香洲

图 5-49 颐和园清宴舫

### 6. 楼(阁)

楼与阁在型制上不易明确区分,而且后来人们也时常将"楼阁"二字连用,因此,有人认为,楼与阁无大区别,在最早也可能是一体的,它们全是干阑建筑。

楼阁是园林内的高层建筑物,它们不仅体量较大,而且造型丰富、变化多样,有广泛的使用功能,是园林中的重要点景建筑物(见图 5-50、图 5-51)。古典园林中的楼在平面上一般呈狭长形,面阔三、五间不等,也可形体很长,曲折延伸。楼阁是立面为二层或二层以上的建筑物,由于它体量较大、形象突出,因此,在建筑群中既可以丰富立体轮廓,也能扩大观赏视野。阁与楼相似,也是一种多层建筑,造型上高耸凌空,较楼更为完整、丰富、轻盈、集中向上,平面常作方形或正多边形。

图 5-50 东莞可园可楼

图 5-51 留园远翠阁

为了使大家对楼与阁有更深的了解,下面用亭与它们做个对比。

① 亭与楼、阁在园林中的功能作用不同。一般来说,亭具有三种功能:一是景点与景点之间的连接点,具有"歇脚"的功效;二是一组建筑群中的过渡点;三是具有供游人途中小憩、遮阳躲雨、歇足观赏之功能。而楼阁在古建筑中,是一组建筑物的连接或过渡,使整组意境完整统一,它是整组建筑功能的补充。楼、阁的设置使用得当,会成为一组建筑的亮点。

② 亭与楼、阁的型制不同。主要区别有二:一是亭有顶无墙,其顶早期大多为草,少量盖瓦,后普遍盖瓦,特定环境下仍盖草;二是角有平角和翘角,清朝后一般瓦

亭均翘角。通常攒尖顶亭上均设宝顶，亭柱下设石基，周边大多设美人靠，以供游人憩息观赏之用。楼、阁，上盖瓦，墙上设窗，窗的大小、形状多有变化。除供游人憩息赏景之功效外，还根据布局之变化形成多种使用功能。

③ 体量上不同。一般而言，一层为亭，二层为阁，三层以上为楼。

现代园林中还有一些建筑类型，如斋、室、房、馆等，它们在园林中早期区分较明显，以后就不怎么严格了。这几类建筑都较注重建筑物的使用功能，因而与园林景观构成的关系并不密切。其设计也是可单体、可群体、可院落，是依据其具体使用要求而定的。总的来说，以上所列的几种园林类现代景观建筑类型，在设计者手中是灵活变通、多样组合、条理清楚、脉络分明的。

### 5.2.2 服务类现代景观建筑

**1．小卖部**

不论城市公园还是旅游风景区，为了游人方便都需要一些商业服务设施。经营糖果、饮料、摄影和花鸟及旅游工艺纪念品之类的小型服务建筑，一般通称小卖部，这类建筑体量虽不大，但数量却不少。其设计是否适宜也会直接影响到景观的和谐，并关系到其社会服务效益与经济效益。

**1）类型特点**

（1）旅游工艺品类（见图 5-52）

这类商业服务建筑物结合当地工艺特产进行展销，布置具有地域文化特色的展出环境，展出具有纪念性工艺美术品，它本身就丰富了景区的文化艺术内容。

**图 5-52 特色小卖部**

（2）糖果饮料类（见图 5-53）

大型景区有很多这种类型的小卖部。如北京颐和园前后山及入口处设有多处食品部。也有为经营方便而建在综合服务建筑一起的。

（3）花、鸟、鱼类销售部

这些都是景区中最具有技术特长的项目。结合花房温室展出花鸟的品种，宣传饲养方法，这样既利于其经济效益，又增加了社会效益。

(4) 摄影部(见图 5-54)

在景区中为了方便游人摄影留念，摄影部一般设在景点附近。摄影部建筑本身就为游人照相取景创造条件，又可以建些画廊橱窗展出风景图片。建筑材料做出不同质感及变化，景门景窗方便取景拍照。有条件的还可设冲洗扩印与租赁相机等服务。

图 5-53 国外广场上的小卖部　　　图 5-54 郊外公园中的特色摄影部

(5) 小型图书商店

为丰富景区内容、增进科学文化知识，景区中宜设置小型图书商店，出售科技书籍、风景图片、旅游书籍，介绍国内外名胜古迹、各地风光等，建筑可结合环境建成独立庭院，构成适当安静环境，室内外结合设置一些阅览空间，更受游人欢迎。

**2) 基本组成**

较大体量的小卖部虽因各类经营项目不同，其组成内容各有区别，但归纳起来基本均有以下几个组成部分。

① 营业厅(包括售品柜台)。营业厅是销售营业的基本空间，根据景区特点，可以室内外结合，按气候与季节不同室内外营业可互相更替，并应尽量创造室外活动环境。有的小卖部不设营业厅而改为小卖亭，在园林中也很常见。

② 办公管理及值班室。为安全保管销售品需设管理值班室。

③ 更衣及厕所。供工作人员使用。

④ 库房。简易加工间如摄影冲印加工、饮食分装、花水保养包装等均需设此用房。

⑤ 杂务院。是堆放杂物、进货待收、排废瓶箱待运等缓冲用地。一般应以设在视线隐蔽又保管安全之地为宜。

**3) 设计要点**

(1) 注意规划

布点要考虑总体规划，根据景区大小及地处位置、离居民区的远近来全面安排。

(2) 方便游人

根据道路分区、游人多少配合景点位置，以方便游人为原则逗留来设置服务点。

(3) 方便货物运输

要有运输车辆的通路,最好能有隐蔽堆放杂物的小院,既不影响景观,又不污染环境。

(4) 便于调整利用

景区游人多少总有季节变化,为适应变化,要求其要便于调整,如夏季建筑可向北面营业,而冬季又可转向南面,有利用好的小气候的可能,便于室内外结合与调整。温暖而人多的旺季有室外部分可以利用,而寒冷的淡季室内部分也足够使用。有的小卖部就附设在大型服务建筑内,这就更便于调整与管理(见图5-55、图5-56)。

图 5-55　某社区入口小卖部

图 5-56　韩国某郊外公园小卖部

**2. 茶室**

茶室是在景区中提供饮料、供游人休息的场所。可供较长时间停留,为赏景、会客等活动提供条件。茶又是我国特产,饮茶也是人民群众的传统爱好和生活习惯。随着生活水平的提高,夏季的冷饮汽水、雪糕等食品的品种也不断增加,冬季乳制品、可可、咖啡等多种饮料的销售也会给旅游者在景区中的休息增添趣味。茶室又是景区中发展第三产业、增加旅游经济效益的重要项目。

**1) 设计要点**

(1) 位置选择

为游人方便应选在交通人流集中活动的景点附近,还应配合景区大小与总体布局。与一般景观建筑一样要考虑坐可赏景,同时,建筑物本身也要为景区造景。大的风景区可分区设置,靠近各主景点,这样既方便,又要与主景点及主路有一定距离或高差。这样可以做到既能赏景,又不妨碍主景效果。如将茶室地平高出路面标高就便于远眺,同时避免主路近处看到茶座上杯盘桌椅等不整齐的形象,使建筑的外观轮廓更为完美(见图5-57)。

(2) 内外空间结合

室内外空间相结合对景观化茶室与空间利用非常重要。景区游人淡、旺的季节性变化很大,利用室外空间来调剂更符合其在景区中的使用特点。如冬季游人少在室内部分就可以满足,而春夏人多季节正好利用室外空间。室外空间设计时也要利用花架、空廊或漏窗等有所分隔,又有所通透。有高差地段可用栏杆分隔。庭院绿化遮阴也很重要,但要选用落花落叶少的植物材料(见图5-58)。

图 5-57 现代公园茶室造型

图 5-58 室外环境葱郁的茶室

(3) 营业部分与辅助部分的关系

① 营业部分是茶室建筑的主立面,营业厅要交通方便又有好的朝向,与室外空间相连。茶室营业厅面积以每座 1 m² 计算。布置桌椅除座位安排外还要考虑人出入与服务人员送水、送物的通道。两者可共同使用以减少交通面积,但要注意尽可能减少交叉干扰。

② 辅助部分要求隐蔽,但也要有单独的供应道路来运送货物与能源。这部分应有货品及燃料等堆放的杂物院,但要防止破坏环境景观。

(4) 茶室建筑的基本组成

按营业及辅助用房的需要,一般茶室可由以下房间组成。

① 门厅。门厅作室内外空间的过渡,缓冲人流,在北方冬季有防寒作用。

② 营业厅。茶室营业厅应考虑最好的风景面,及室内外营业的可能。

③ 备茶及加工间。不论冷、热饮均需有简单的备制过程,因此,备茶室应设有售出供应柜台。

④ 洗涤间。洗涤间用作茶具洗涤、消毒的空间。

⑤ 烧水间。茶室应有简单的炉灶设备。

⑥ 贮藏间。贮藏间主要用作食物的贮藏空间。
⑦ 办公、管理室。办公、管理室可与工作人员的更衣、休息空间结合使用。
⑧ 厕所。应将游人用厕所与内部工作人员用厕所分别设置。
⑨ 小卖部。茶室设有食品卖售或工艺品小卖部等。
⑩ 杂务院。杂务院可作为进货入口,并可堆放杂物及排出废品。

(5) 建筑造型处理

茶室的建筑风格、体量大小要与景区的整体布局相适应,并注意对环境的保护。有些较大的景区宁可分设几处,也要避免过大的体量与主景不相称。更要注意辅助用房烧水间和储存货物仓库的隐蔽处理,除在外形处理之外,还要注意上、下水、垃圾污物及燃烧烟尘的防污染处理。若景区内没有完整的上、下水道及电力热供应,则建筑应靠近景区外水电、热等公共设施为宜。热加工最好利用污染少的煤气、电气设备,或将食品在固定地点加工运送到园内来,以防止污染景观环境。

茶室除使用功能要求外,美观造景也很重要,要因地制宜、有特色,避免千篇一律,才能创造有特点的景观。如杭州虎跑利用虎跑名泉水而设茶室,杭州龙井因当地所产龙井茶而设茶室,杭州平湖秋月利用景点上赏月的水上平台而设茶室(见图5-59)。茶室在景观上宜室内外相互渗透,室内装饰与室外亭廊配合互为景观,根据环境条件在水上可以建成水榭、画舫等形式的茶室。在缺少外景条件时,也要将室内用山石、水景,以及真假植物装饰起来。如日本茶室就经常利用楼内空间加上石、水景、植物等处理成为有园林特色的茶室。

**图 5-59 西湖边茶室**

在人们的生活中还有一些现代景观建筑类型,如一些景区的展览馆、车站、办公建筑等,它们都属于服务类的现代景观建筑,都偏重于建筑物的使用功能,它们的设计同样也可以根据以上论述的小卖部、茶室等实用景观建筑的设计要点,依据其具体使用要求而定。总的来说,服务类现代景观建筑在设计时需要把握最重要的两条原则——造型新颖,融入环境。

### 5.2.3 交通类现代景观建筑

**1. 景桥**

景桥,是实用性现代景观建筑中的一个重要组成部分。自从人类第一次砍倒大树、横跨小溪、缘木过河,建成第一座"桥"时,在湍急的流水上披上了一条彩带,仿佛人类征服了河流,横跨河的树木变成了悬空的道路、凌空的建筑。随着社会的变迁,景桥在一定程度上反映各个时期的社会意识和科技发展的共同特征,构成了时代特征以及当地历史文化前景、人文风貌、环境气氛,尤其是时代的特征和传统的民族个性、风格基调。景桥讲究布局任其自然,讲究与地形、风景的配合和协调,讲究与水体的映衬和对比,同时,景桥也以它的千姿百态融合于自然之中,既造福于人类,又给人们以美的享受。

景桥既有园路的特征,又有景观建筑的特色,如拱桥桥面采用借景的手法抬高隆起成拱,突出桥的建筑特征和立面效果,打破水的平面界限,分隔了水面,增加水景的层次,赋予了构景的功能,使其与整个环境相融合,形成优美的空间立体轮廓线,犹如有层次的山水画面。景桥使水面与空间相互渗透,其倒影好似扩大的画面,随荡漾的碧波,给人以意境美(见图 5-60)。

图 5-60 扬州二十四桥

(1)景桥的造型

从造型上分析景桥主体结构的轮廓特点及基本型式,是激发人们产生美感的主要客体。桥梁受力结构明显外裸并冲击人的视觉,因各自力学结构形态的迥异而形成不同的艺术风格。整体与局部、直线与曲线、实体与空间的关系对人们视觉影响很大。拱桥以其长虹卧波的曲线美而引人喜爱,流畅连续的曲线给人们欢快愉悦的阴柔之感,连续的波形曲线会产生渐强渐弱的动感,平桥则以小桥横浮、依水荡漾、倒影碧波、神迷忘返,给人以亲近的感觉,其简洁刚劲的直线则具有生气、毅然的阳刚之美,直线和按内力变化有规则的曲折,使之产生刚中有柔的韵律。

(2) 景桥与环境的协调

景桥的建筑艺术和房屋建筑艺术一样,应注重与人文环境、周围环境相协调,根据附近建筑物的重要性、价值的永久性以及地方的特色来考虑与之在风格、尺寸和细节上的协调;并且应从整体出发,与自然环境、城市环境及人文环境相结合,依靠景桥的体型、比例、色彩和材料来反映景桥和环境的融合,可以获得整体美的效果。如在设计中山公园的碧波桥时,设计者们首先了解了历史,中山公园是 1920 年筹建的,当时是为了纪念孙中山的业绩而建。经过几代人的"物移景迁",园内很多建筑已逐步趋向于岭南派建筑风格,园内建筑与布景将北式、南式、西方的园林艺术融汇其中,变更其形、灵活吸收、挥洒自如,综合多元化文化类别,形成了"无格中之格,无派中有派"的风格,显示出求实多变的景观特色。园内以假山、水塘衬托,缀以岭南花木,园内建筑采用环池散点式自由布局,以廊、桥划分东西两区,有玲珑水榭。由于具有上述历史背景,在景桥设计中不仅继承了传统特色和神韵,同时又利用现代技术,在结构的构造上尝试以现代材料和手法来表现传统的形式,利用传统去大胆创新,如在景桥的栏杆及桥面喷石漆,形成了对石头的仿真效果(见图 5-61)。

**图 5-61　中山公园碧波桥**

(3) 优化景桥材质

材质是人们可以直接接触或用眼睛观看的,从而可以产生生理、心理上的直接感受。景桥的用材,特别是材料的表面造型加工,将凭借其质地呈现出绚丽的纹理走向和体态美。一般桥梁结构多用金属、混凝土、砖石等材料,给人以坚硬、刚健、有力和整洁的感受,桥梁建筑质感的表现,要尽量发挥结构材料固有的美,就地取材,充分利用地方材料,运用材料的自然美和材料的对比效果,以取得建筑的朴素和原始风格,又因为质感素材与人们距离不同而不同。桥梁建筑既是空间结构,它的尺度、模数要比室内空间扩大数倍后才合适;还要从远、中、近视效果综合考虑,一般人在 25 m 以内视觉效果最好,可以看清材质和纹样。因此,景桥的质感要以粗犷、刚健为宜。

(4)尺度协调和栏杆美化

景桥自身各部分的尺度比例恰当与否,对主体结构美观的影响无疑是至关重要的。正确的构图比例和尺度,可以体现建筑的朴素、自然和舒畅的美感。但是,对整体城市面貌而言,在景桥设计上,平面布局、空间组合、尺度比例要与周边道路、广场建筑和河滨地带等环境特征作为一个整体考虑,做到景桥要适应周边环境,环境也使景桥增色,彼此协调、相得益彰。

景桥尺度比例与水面配合协调可为自然风光添色。桥跨布置要均匀、富有韵律感。在特别要考虑低水位时,桥跨与桥高之比要较为适当,一般来说,跨度应大于高度 1.5 倍以上。

桥与路应该连续流畅、融为一体,具有整体效果,桥完全融于路之中,使人形成整体的印象(见图 5-62)。从视距开阔的曲线部分走向桥梁,人们就可以通视其侧面,自然而然地享受所通过的景桥建筑的美观,并观赏到其结构美(见图 5-63)。

图 5-62  桥与路浑然一体

图 5-63  颐和园十七孔桥

景桥要与广场、街道及建筑相适应,做到舒畅和谐。假设宽阔的广场一边连接很宽的街道,一边连接很窄的桥梁,这样不但使交通受阻,而且会显得平面布局、尺度比例不当。

桥梁建筑要发挥河滨地带的优点和特征,力求创造优美的外部环境。实际上,河滨地带往往是自然空间和人工空间的交汇重叠、互相渗透结合之处,所以在引桥、引道的设计上特别要注意保护并利用其有利因素,消除和改造其不利因素,将人工因素糅合到自然因素中去,创造和谐优美的空间环境。

桥体理应清新,以曲、折、轻巧来求其"秀"。栏杆在此方面所占比重较大,是因为其可以被人们直接感受、触摸。栏杆除要满足服务于桥体的安全功能外,其美感对桥梁总体艺术造型起到烘托渲染作用,能丰富桥面的美观效果。如图 5-64、图 5-65 所示的几座景桥,其栏杆都建造得较为轻巧美观,有建造成中国水乡图案的,也有用精美不锈钢锻造的。

图 5-64　上海塘桥公园景桥

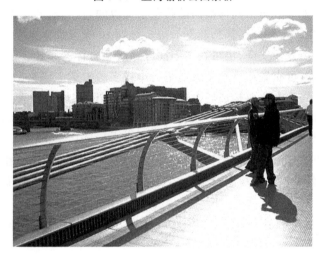

图 5-65　英国某城镇景桥

**2. 码头**

码头是水陆交通的枢纽，景区中的码头是以旅游客运为主。码头也是观景的好地方，平静的水面少有遮挡，是景观中远眺湖光山色的绝佳位置。

**1) 码头规划位置**

(1) 周围环境

码头的规划应注意交通方便，游船码头最好靠近一个门口，防止游人划船走回头路。应位置明显，但停船较多时又要不妨碍水上景观。注意使用季节风向，避免风口停靠不便。日照条件下应避免夕阳照射，夏季高温时，低入射角的光不好遮挡，再加上水面反射，对炎热的游船在旺季时的使用十分不利。

(2) 水体条件

可根据水体的大小、水流、水位来综合考虑。水面大的要注意风浪，码头最好设在避开风浪冲击的湾内以便于停靠。水体小的要注意游船出入防止阻塞，宜在宽阔处设码头。流速大的水体为了停靠安全应避开水流正面冲刷的位置。

(3) 观景效果

宽广的水面要有景可对,不是一望无际的。水体小的要争取较长的景深与视野层次,以取得小中见大的效果。

### 2) 码头的组成

(1) 水上平台

水上平台是船登岸的地方,其长宽要根据停船的大、小、多、少而定,台面要高出水面,视船只大小、上下方便又不为一般风浪所淹没为准。在一般城市公园里,水位稳定平静,上下小游船不需挑板,只需高出水面 30~50 cm;专用停船码头,应设拴船环与靠岸缓冲设备;专为观景的码头,可设栏杆与坐凳。

(2) 蹬道台级

蹬道台级是为平台与不同标高的陆路联系而设的,这种室外台级坡度要小,一般每级高度大于 13 cm,宽度不小于 33 cm,每 7 级到 10 级应设休息平台并分两段台级处理。这样既使用方便安全,也可在不同高度远眺。阶梯的布置要根据湖岸宽度、坡度、水面大小安排,可布置成垂直岸线与平行岸线多种方式。码头上为了安全常加设栏杆、灯具,这是码头上主要构成轮廓的造型物。此外,在岸壁的垂直面可结合挡土墙作用,石壁上可做成建筑雕塑、联拱、宝龛、跌水等处理,以增加码头的装饰。

(3) 售票室与检票口

售票室除售票外尚兼有回船计时、退押金或回收船桨等功用。在景区中游人量大时,为了维护公共秩序设检票口极为必要,可经检票按号先后进入码头平台。

(4) 管理室

既可播音、存放船桨,又可为工作人员休息、对外联系之用。按码头规模可设 1~2 间管理用房。

(5) 靠平台工作间

为平台上下船工作人员管理船只及休息用房。

(6) 游人休息、候船空间

既可作划船人候船使用,也为一般游人观赏景物时休息之用。一般常以亭、廊、花架等游赏性建筑组合成景,可丰富景区的水上景观。

(7) 集船柱桩或简易船坞

是可供晚间收集船只或雨天保管船只的设施,应与游船水面有所隔离。

### 3) 常见的码头形式

(1) 驳岸式

一般城市公园水体不大,结合岸壁修建码头经济、实用,又可以灯饰雕刻加以点缀成景,是最常用的形式(见图 5-66)。

(2) 伸入式

用在水面大的风景区,不修驳岸,这种码头可以减少岸边湖底的处理,直接把码头伸入水位较深位置,便于停靠,如澳门渔人码头(见图 5-67)。

图 5-66　驳岸式码头　　　　　　图 5-67　澳门渔人码头

(3) 浮船式

这类码头是用于水位变化大的水库风景区,浮船码头可以适应高低不同的水位,总能与水面保持适合的高度。晚间停船不需要管理人员,利用浮船码头可以漂动位置的特点,停止使用时,可将码头与停靠的船只一起锚定在水中,使人不便过去以保护船只(见图 5-68)。

图 5-68　浮船码头

**4) 设计要点**

① 设计前应了解湖面水位的标高、最高最低水位变化,以确定码头平台的标高,以及变化水位时的必要设施。

② 平台上人流路线应畅通以避免拥挤,故应将出入人流路线分开,以便尽快疏散;码头附近的湖岸线形状与风向和集纳水面污物有很大关系,在设计时应综合考虑湖岸线的形状对风吹飘浮物及码头船只的影响。

③ 码头平台伸入水面,夏日或旺季易受烈日暴晒,应注意选择适宜的朝向、环境绿化的遮阴范围,以及建筑本身的遮阳措施。

④ 靠船平台岸线长度至少不小于两只船的长度,如每只船长 2 m,台长应为 4 m以上,其面积应考虑上下人流及工作人员撑船、钩船的活动范围,一般进深应不小于 2～3 m。

### 5.2.4 特殊类现代景观建筑——公园大门设计

门以其实用功能、建筑功能和造型上的美学功能,给人以对所在之处的第一印象。门的原型蕴涵在原始人巢居与穴居的建筑形式与生活方式之中,门的存在与边界的继续存在有关,同时也是人的心理需要。门在具体表现形式上所呈现的多样性,恰恰体现了人对场所感受的丰富性。

建筑界有学者认为,中国建筑文化是一种"门"制文化,是门的艺术。中国的大门从古代的网、乌头门、牌楼、城门发展到今天,仍是中国建筑文化中一种十分活跃的因素。除了明显的实用意义外,门的文化是丰富而深邃的。中国传统建筑一直没有放弃对门的考究,甚至将它提升为单独的建筑类型,这也说明了门自身以及它在人们心中的价值和意义。

国外建筑中的门也同样包含了丰富的文化内涵。古希腊的山门作为神庙建筑的入口,说明了门在仪式过程中的序幕作用;古罗马的凯旋门,成为军事胜利的炫耀和国力的体现。中世纪以后,人们对神庙建筑的热情转移到现实生活中,巴黎德方斯大拱门作为巴黎德方斯商贸中心的终端建筑,是一种新形式的凯旋门,是具有世界意义的大型建筑,被誉为"通向世界的窗口"。它以象征的手法强烈地表达了建筑、环境与人的关系。可见门已融入当代的社会生活而显现出崭新的艺术形象。从小巧别致的景园门到气势雄伟的标志性大门,形式多样的门作为一种特殊的景观建筑形式,成为组织空间的一个积极因素,是景观设计中举足轻重的建筑构成要素。

首先,门可引起人们视觉停留和反复观瞻,是整个空间的开端。作为对空间领域的界定与导入,门的形象在相当程度上影响了人们对整个空间环境的感受和把握。

其次,看似简单的门不仅完成了实际的使用功能,而且揭示了某种文化内涵,表达了深层次的象征和意味,是不同地域、不同生活方式和不同时代的象征。现代景观中门的概念逐渐被视觉形象所代替,强调的是感情、心理上的传承或转折。除了一般的功能要求外,完全是为了满足人们对地域感、场所感的要求,同时能达到引人入胜的效果。

公园为便于管理,界址四周多设有院墙和大门,城市公园大门多位于城市主干道的一侧,位置显著,成为城市空间中一个视觉中心。城市公园大门这类景观建筑的功能很简单,主要由售票检票、出入口以及部分小卖、办公等用房组成,建筑面积要求不大,但由于公园大门是公园内外交通的咽喉,游人进园首先要经过大门,因此,公园大门建筑功能简单与环境作用显著之间的反差,使大门设计常常成为整个公园设计中的难点重点。下面以典型的现代城市公园大门设计为例,分析公园大门设计中的一些设计手法。

#### 1. 洛浦公园大门设计

洛浦公园是位于洛阳市区中心的一个大型公园。洛河是流经洛阳市的主要河流之一,在绿化美化城市的进程中,洛阳市将洛河作为城市的中心绿带,在两岸形成面积达 9.12 hm²(包括洛河水面)的洛浦风景区。而洛浦公园位于洛河北岸 90 m 宽的堤面上,全长 13 km,由东至西包括秋风园、滨河游园、上阳官、晓月园、历史文化区、洛神苑等几大部分。现已建成的滨河游园两所大门,它们分别位于游园的东向和西向,起着分隔空间、组景和便于管理等作用,两座大门犹如两个节点位于带状空间中。

(1)彩虹凌波——滨河游园东入口大门

此大门位于滨河游园东入口广场上,东临定鼎南路,南靠洛河。考虑到滨河游园是现代公园,以休闲娱乐为主,所以在立意初期就以表现滨河水景的一些元素为主题,采用由波浪转化来的弧形彩虹作为主体。彩虹主体从地面逐渐升起,一来可以成为组景框,二来又不至于在空间上对临近的桥面产生压力。彩虹状的主体与左右两个竖向跳跃的拱门互相穿插,立面简洁、活跃。建成后的大门主体宽 46.8 m,高 13.4 m。大门采用红白两色花岗岩饰面,主体为白色,跳跃的拱门为红色,强烈的色彩对比给人的视觉造成一定的冲击。彩虹主体与拱门相互穿插,在主体下方左右各形成两个空间,作为门卫和管理用房。为在广场上形成通透的效果,大门的周边没有设围墙栏杆,而是采用弧形花架和种植池相叠合,造型与主体相协调,并能满足阻隔人流、分隔空间的功能要求。此大门建成后,已成为园内一个标志性建筑(见图 5-69)。

图 5-69　滨河游园东入口大门

(2)白鸥帆影——滨河游园西入口大门

大门位于滨河游园西入口广场,西临南昌路和洛河魏屯桥。考虑到此区域内的游人多为附近的居民,大门设计时旨在体现一种休闲、舒适的氛围,从洛河的传说故事及水体中提炼出水鸟、帆船等要素进行创作。水鸟的造型较为抽象,高度为 9.3 m,体量较大;三角造型的帆船高度为 7.3 m,体量较小。体量不同的造型构筑在入口处相互呼应,坐落于对称式平面构图的广场上,视觉效果比较协调。水鸟、帆船造型的内部空间用作门卫室和管理用房。大门外饰面采用白色基调的花岗岩,显得清丽宁静。大门两边的围墙采用通透感极强的栏杆造型,栏杆由钢筋和钢板制成,钢板剪成水鸟状在栏杆中"穿梭飞翔"(见图 5-70)。

图 5-70　滨河游园西入口大门夜景

**2. 广州天河公园南、北门设计**

(1)环境特点与设计概况

广州天河公园(原东郊公园)位于广州市天河区,原来是广州城区的东面郊区公园,位置偏僻,主要以山林与水面为主,设施落后,只有少量景观建筑。随着广州城市规划向东带形发展,天河区已成为广州新的城市中心,公园周边高楼林立,道路车水马龙,东郊公园也成了城市中心公园。天河公园改造工程实际是一个城市景观的改造工程,除了对公园内部绿化进行疏理修饰、增加相应设施外,改造的重点放在了公园边缘环境景观上,包括了公园周边道路拓宽改造、周边违章建筑的拆除,公园封闭式围墙的拆除,新建通透式围墙。其中两个大门改建工程结合城市广场、停车场的建设成为改造工程中重要的环节,使这两座景观建筑成为城市景观建设的一部分。它们不仅仅满足公园的使用要求,而且将成为城市主干道沿街景观中的景点,并与城市空间相融合,创造合适的市民休憩场所。

(2)大门设计要点

天河区是广州的新区,以大型体育中心、高层写字楼、高级商住楼等现代建筑为代表,城市道路笔直宽阔,建筑大量采用玻璃幕墙、外墙面砖、不锈钢、铝合金等现代建筑材料。在这样的城市景观背景中,景观建筑从设计手法、建筑体量、建筑材料等方面都必须相应改变。如设计手法上,以现代构园原理为基础,把现代建筑设计理论,如风格派、结构主义、解构主义等运用到大门的设计中来。

(3)设计构思

天河公园北面是 60 m 宽的城市一级道路——中山大道,规划在这段道路中部,腾出 200 m 宽、30 m 深的市民广场与停车场。从建成后效果看,这一规划是有远见的。在节假日,广场停车场使用几近饱和,平时则是附近居民休憩活动的理想场所。

北门设计配合广场的尺度,体量较大,总长 94 m,深 16 m,景墙高 8 m,平面上采用圆弧曲线构成,形态像广场上的飘带,柔和飘逸的曲线与背景山林融为一体,其构思来源于随风飘散种植的风媒植物种子的形态。

大门东部是一个休息廊,采用构架式设计,与公园之间通过景墙和通透栏杆分隔,西部二层结构,底层是售票、检票及公园辅助用房,二层是公园办公室、会议室,票房部分有构架式雨篷遮盖,大门中部是有不锈钢网架、玻璃光棚遮盖的开放式空间,是人流集散的通道。其东侧有一直径3 m、高12 m的浅绿色玻璃幕墙圆柱体,是整个大门的"定心柱",平面上既是"种子"的核心,也是整个广场的制高点与视觉重心,功能上作为检票及上层储物间。

北门在立面处理上,以杏色的景墙与白色构架相互穿插,相互衬托,杏色景墙间以砖红色横纹装饰,构架柱间、景墙框内饰以大型不锈钢景门窗,既有传统景门窗的韵味,也令人耳目一新,中心部分的不锈钢网架玻璃光棚与不锈钢柱子突出了大门出入口,浅绿色玻璃幕墙圆柱体打破了大门的横向构图,起了突出重点、稳定构图重心的作用。整个大门体量大而轻巧,色彩明快、活泼,既有现代建筑特色,又融入了风景园林的韵味(见图5-71)。

图 5-71 天河公园北大门

公园南门与北门异曲同工,大门前广场半圆形,直径120 m,与大门内同一中轴线上的50 m宽的中轴广场呼应。南门平面上分两部分,正面框架式弧形景墙顺半圆形前广场舒展作环抱欢迎之势,以通透栏杆与公园分隔,弧形墙间饰以与北门相同的不锈钢景门窗。大门正中穿插一白色半圆形墙面,墙中开拱门作为大门主入口;大门后部,两边是一层结构,由售票、检票以及办公辅助用房组成,建筑框架延伸至两层高;大门前后两部分之间是购票、休息走廊与中间白色弧形墙围成的半围形空间一样,上部分采用钢网架玻璃光棚遮盖,形成半室内半室外的"灰空间",分别面向内、外广场开放,视野开阔,既是大量人流集散的通道,又是在广场上活动的市民挡雨遮阳的休息廊。

南门立面处理与北门呼应,杏色景墙配以砖红色横纹装饰,并点缀方形壁灯,白色框架与杏色景墙相映成趣,色彩典雅大方,雄伟、端庄的大门与贯穿于同一中轴线的前广场、中轴广场一气呵成,把广场烘托得更加气势恢弘,玻璃光棚、框架、不锈钢景门窗构造轻盈通透,与公园园林景色融为一体(见图5-72)。

图5-72 天河公园南大门

通过几个大门的设计实践,我们可以发现以公园大门为代表的一类完全向城市空间开放的景观建筑与城市景观紧密联系。由于城市化进程加快,原来许多市郊绿地变成城市中心绿地,被城市建筑包围的景观建筑也成为城市建筑的一部分。在景观建筑设计上,首先应站在城市景观设计的高度上来考虑分析,既要研究公园大门如何满足公园的使用与景观要求,也要考虑其对城市整体形象的影响。城市公园大门的设计总结如下。

① 城市公园大门的设计体现在开放型的空间布局与城市空间、景观空间的融合与连接上。公园大门的平面主要由大门、售票房、围墙、窗橱、前广场、内广场等部分组成。公园大门入口的空间处理包括大门外广场空间与大门内广场序幕空间两大部分。门外广场是游人首先接触的地方,与城市空间直接相连,门前交通流量较大,尤其在节假日人流、车流更为集中,因而前广场负有缓冲交通的作用。大门建筑是公园前广场空间的构图中心,并且与公园外城市景观连成一体。它以公园风景为背景,面向现代城市空间,受到城市景观的制约,服从现代城市景观的要求,成为从城市空间到园林空间的过渡。

② 大门建筑造型应服从于环境。大门建筑属于景观建筑,它们除了满足和反映其特殊的功能外,还着重于园林造景的作用,如点景、框景、围合空间、对景、障景等。天河公园南北门建筑设计中利用景墙上的景门窗对园林框景,利用入口空间与内广场中雕塑、柱廊形成对景,以连绵的山坡、树木为背景,大门建筑形成点景,内外广场之间形成障景,大门建筑舒展的外形也表现出园林环境的特性。大门建筑也从属于城市景观,其造型服从于城市区域的整个规划要求。其造型设计意念、材料都应与城市建筑协调一致,天河公园南北门建筑设计上,优美有力的弧线生动地体现了时代特色并具标志性,简洁的构架景墙造型配以玻璃幕墙和钢网架采光天棚,显得端庄典雅、气派不凡。

## 5.3 实用性现代景观建筑设计的新思路

中国当代实用性现代景观建筑设计存在着一些弊端,而中国传统的景观建筑理念值得借鉴,继承传统而又融入现代元素,才能设计出中国特色的景观建筑。未来的景观建筑应是体现人文关怀、结合地域文化、运用生态技术的新景观建筑。

Hubbard 和 Kim Ball 两位学者认为"景观建筑本质上是一种巧妙的艺术,其最重要的功能在于创造并保存人类生存的环境与扩展乡村自然景观的美;而且同时借由大自然的美景与景观艺术,提供人们丰富的精神生活空间,使生活舒适和便利,促进都市人的健康。"这里就指出自然环境、人文环境与建筑空间的创造三者之间的关系,同时也是景观建筑设计构思的出发点。在特定环境中的景观建筑设计师所做的也许不应是自我张扬地从环境中突现出来,去追逐外在的自我价值。相反,建筑应该与场地的自然环境、人文环境取得和谐统一才是首要的,而且也应作为作品存在的底线。因为和谐的统一才能融入环境、融于历史,但同时求变与创新也是必需的。不变意味着消亡,作为适应功能调整而产生的新事物,理应有其时代性的内涵,对于新旧事物应该有着截然的区分,复制并不是设计作为职业存在的初衷和目标。实用性现代景观建筑的构思与设计过程,是一个理性逻辑的推导过程,更是一种文化感性经历的积淀,希望这种探索和研究能够为景观类建筑的设计方法提供一种途径和一种思路。

### 5.3.1 立意

意者立意,匠者技巧,立意和技巧相辅相成,不可偏废。立意和技巧均佳属上乘之作,而立意平淡,技巧再好也只能归之中乘。立意的好坏对整个设计的成败至关重要。一个好的设计不仅要有立意,而且要善于抓住设计中的主要矛盾,既能较好地解决建筑功能的问题,又具有较高的艺术境界,寓情于景、触景生情、情景交融。我国古代经典园林中的亭子不可胜数,但却很难找出格局和式样完全相同的,设计者总是因地制宜地选择建筑式样,巧妙配置山石、水景、植物等以构成各具特色的空间。而现代景观建筑不能简单地套用、模仿,把一些坡顶、漏窗、花墙等加以模式化,随处滥用,这是万万不可取的。真正的艺术贵在创新,任何简单的模仿都会削弱它的感染力。景观建筑立意强调景观效果,突出艺术意境创造,但绝不能忽视建筑功能和自然环境条件,否则景观或意境就将是无本之木,无源之水,在设计中也就无从落笔。如承德避暑山庄内有七十二景,各景布局不同,就是在立意上结合功能、地形特点,采用了对称和自由等多种多样的空间处理手法,才使全园各景各具特色,总体布局既统一又富于变化。另外,实用性现代景观建筑的创造性还在于设计者如何利用和改造环境条件,如绿化、水源、山石、地形、气候等,从总体空间布局到建筑细部处理细细推敲,才能达到"景到随机,因境而成,得意随形"的境界。

### 5.3.2 选址

实用性现代景观建筑设计从景观上说,是创造某种和大自然相谐调并具有某种典型景效的空间塑造。因此,景观建筑如选址不当,不但不利于艺术意境的创造,反而会削弱整个景观的效果。一般来说,造景大体分为自然式景致、规则式景致和混合式景致三种。规则式景致多采用对称平面布局,一般建在平原和坡地上,道路、广场、花坛、水池等按几何形态布置,树木也排列整齐、修剪成形、风格严谨、大方气派。现代城市广场街心花园、小型公园等多采用这种方式。自然式景致多强调自然的野致和变化,布局中离不开山石、池沼、林木等自然景物,因此选址是山林、湖沼、平原三者具备。傍山的建筑借地势错落有致,并以山林为衬托,颇具天然风采。而在湖沼地造园,临水建筑有波光倒影,视野平远开阔,画面层次亦会使人感到丰富多彩且具动态。混合式景致则为自然、规则两者根据场景适当结合,扬长避短、突出一方,在现代景观中运用更为广泛。另外,实用性现代景观建筑选址在环境条件上既要注意大的方面,也要注意细微因素。要善于发掘有趣味的自然景物,如一树一石、清泉溪涧,以至古迹传说,对造景都十分有用。

### 5.3.3 布局

实用性现代景观建筑有了好的组景立意和得当的选址,还必须有好的建筑布局,否则构图无法、零乱无章,更不可能成为佳作了。其空间组合形式通常有以下几种。

① 由独立的建筑物和环境结合,形成开放性空间(见图 5-73)。点景的建筑物是空间的主体,因此,对建筑物本身的造型要求较高,使之在自然景物的衬托下更见风致。

图 5-73　悉尼歌剧院

② 由建筑组群自由结合的开放性空间。这种建筑组群一般规模较大,与空间之间可形成多种分隔和穿插。布局上多采用分散式,并用桥、廊、道路、铺地等使建筑物相互连接,但不围成封闭的院落,空间组合可就地形高下、随势转折。

③ 由建筑物围合而成的空间(见图 5-74)。这种空间组合有众多的房间,用来满

足多种功能的需要。在布局上可以是单一庭院,也可以由几个大小不等的庭院相互衬托、穿插、渗透形成统一的空间。从景观方面说,庭院空间在视觉上具有内聚的倾向。一般情况不是为了突出某个建筑物,而是借助建筑物和山水花木的配合来突出整个庭院空间的艺术意境。

图 5-74　网师园建筑围合空间

④ 混合式的空间组合。由于功能式组景的需要,可把以上几种空间组合的形式结合使用,称之为混合式的空间组合。

⑤ 总体布局统一,构图分区组景。规模较大的景区,需从总体上根据功能、地形条件,把统一的空间划分成若干各具特色的景区式景点来处理。在构图布局上互相因借,巧妙联系,有主从之分,有节奏和韵律感,以取得和谐统一。如拙政园就分为东、中、西三个景区,其中中部景区为主要景区,也是建筑布置最多的景区(见图5-75)。

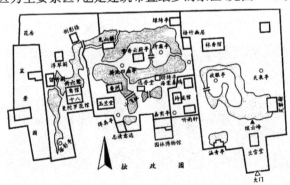

图 5-75　拙政园总平面图

### 5.3.4　尺度与比例

什么是尺度？尺度在这里的意义是双重的,一方面的意义是实意性的,即该景观建筑的实际大小,如一个花架高 2.8 m、长 4 m,另一方面的意义是虚意性的,即指一般的设计法则,如"美的尺度""人的尺度"等。

实用性现代景观建筑的尺度问题,也许是所有艺术法则中最特殊的一种了。如一幅画的尺度(大小),放大一点和缩小一点,其效果并不会改变许多,对人的感觉来说差别也不会太大,景观建筑小品的尺度(大小)也同样如此。只有实用性现代景观建筑,其尺度(大小)与产生的效果关系紧密。如图 5-76 中的教堂,能给人一种强烈的宗教的神秘、庄重之感,因为它与人进行比较,显得很巨大,似有压倒人心灵的神秘性。再看图 5-77 中的三座亭子,其形象完全相同,只是大小不同。最大的一座,与人相比是那么的不相称;中间的一座则看起来与人的关系很相称,这是由于它的形状和大小正好跟人的比例很和谐;最小的那一座,因为尺度关系当然不能作为亭子。从这里可以看出,实用性现代景观建筑的美与尺度有密切的关系,什么样的景观建筑形式,多大为最合适,是景观建筑设计手法中关于尺度的最主要的问题之一。

图 5-76　圣索菲亚大教堂

 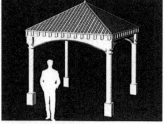

图 5-77　亭子和人的尺度对比图

尺度,在实用性现代景观建筑中是指建筑空间各个组成部分与自然物体的比较,是设计时不容忽视的。功能、审美和环境特点是决定建筑尺度的依据,恰当的尺度应和功能、审美的要求相一致,并与环境相协调。实用性现代景观建筑是人们休憩、游乐、赏景的所在,空间环境的各项组景内容,一般应具有轻松活泼、富于情趣和使人有无尽回味的艺术气氛,所以尺度必须亲切宜人。实用性现代景观建筑的尺度除了要推敲建筑本身各组成部分的尺寸和相互关系外,还要考虑空间环境中其他要素如景石、池沼、树木等的影响。一般通过适当缩小构件的尺寸来取得理想的亲切尺度,室外空间大小也要处理得当,不宜过分空旷或闭塞。另外,要使建筑物与自然景物尺度相协调,还可以把建筑物的某些构件,如柱子、屋面、踏步、汀步、堤岸等直接用自然的石材、树木来替代,或以仿天然的喷石漆、仿树皮混凝土等等来装饰,使建筑和自然景物互为衬托,从而获得室外空间亲切宜人的尺度。在研究空间尺度的同时,还需仔细推敲建筑比例。一般按照建筑的功能、结构特点和审美习惯来推定。实用性现代景观建筑在材料、结构上的发展使建筑式样有很大的可塑性,不必一味抄袭模仿古代的建筑模式。若能在创新的同时,适当包含一些地方传统特色的建筑比例韵味,取得神似的效果,会令人更加耳目一新。

### 5.3.5　色彩与质感

实用性现代景观建筑的色彩与质感处理得当,它所处的环境空间才能有强有力的艺术感染力。形、声、色、香是环境意境中的重要因素,而实用性现代景观建筑风格的主要特征更多表现在形和色上。我国南方实用性现代景观建筑体态轻盈、色彩淡雅,北方则造型浑厚、色泽华丽。随着现代建筑新材料、新技术的运用,建筑风格更趋于多姿多彩、简洁明丽,富于表现力。色彩有冷暖、浓淡之分,颜色的感情、联想及其象征作用可给人不同的感受。质感表现在景物外形的纹理和质地两方面,而纹理有曲直、宽窄、深浅之分,质地有粗细、刚柔、隐显之别。

色彩与质感是建筑材料表现上的双重属性,两者相辅共存,只要善于去发现各种材料在色彩、质感上的特点,并利用它去组织节奏、韵律、对比、均衡、层次等各种构图变化,就可以获得良好的艺术效果。

### 5.3.6　创造力的培养

当我们从事实用性现代景观建筑设计的形式创新时,也应在学习前人经验及已有建筑物的基础上勤于思索,实用性现代景观建筑形式构思的敏锐性就会提高。实用性现代景观建筑是时空统一体,拟选方案形式时,不能不考虑时间因素。由于实用性现代景观建筑艺术具有观赏强制性的特点,一旦建成后就在相当长的时间里展现于人们面前。一座形象生动的景观建筑甚至可成为城市的标志,单调贫乏的景观建筑也会给紧张工作之后的游人添加精神的疲惫。在积极仿造古典园林建筑结构相同或相似的情况下,要取得多变的造型艺术和独特吸引人的现代风格,实用性现代景观建筑的环境美学,是一个需要依靠多种复杂因素而综合考虑的问题,最后的选择则决定其造型艺术与周边环境的基调。同时,实用性现代景观建筑的艺术处理,应是具有合理比例的,要把实用性现代景观建筑及周围环境等有机地联系起来,以获得最佳的艺术效果。

总之,实用性现代景观建筑设计人员必须在繁杂的结构计算中解脱出来,逐渐培养这种直接的设计能力——意境。注意其艺术处理,如在建筑内部、周边放置一座雕塑、一只石狮、一个绿化圆岛、一块牌坊等;注意建筑的灯光处理,对不同的实用性现代景观建筑应采取不同的艺术处理,"红花还需绿叶来衬托"就是这个道理。把一座平常实用性现代景观建筑变为经典之作,设计师们要以广博的知识为基础,充分了解当地的风土和人情,培养思维的灵活性,拓宽自己的知识面,使实用性现代景观建筑更好体现出浓郁的时代特征与个性,不落俗套,从而赋予实用性现代景观建筑新的魅力与风韵。

在总结中国实用性现代景观建筑的成就和经验、揣摩它今后的发展趋势时,我们的视线必然同时归于两个方向:一方面要用历史的眼光纵观历史,追根溯源,探求它发展的历程;另一方面要有宽阔的视野,从横的方向看清当今世界各国实用性现代景观建筑发展的现状与趋势。站在历史进程的竖轴与世界现代发展的横轴的交汇点上,就能较正确地评估中国实用性现代景观建筑所应占有的历史地位,并确定在新的历史条件下我们所要追求的目标。

### 5.3.7 结合自然的景观建筑设计

实用性现代景观建筑虽然在所在区域中的占地较小,但却起着组景、点景的作用。因此,实用性现代景观建筑的规划布局与建筑造型就显得异常重要。实用性现代景观建筑与周围环境的有机融合可以理解为人工与自然的完美结合。

建筑总是存在于一定的环境中,建筑设计构思与创作必然离不开环境的启示。古往今来,一个好的建筑作品往往都会恰如其分地反映其外部环境的某些特征,形成建筑与环境的完美结合。应该永远记住建筑是从属于环境,而不是环境从属于建筑的这一真理。

(1)依瑞克提翁神庙

古希腊是欧洲文化的摇篮,古希腊的建筑同样也是西欧建筑的开拓者,公元前5世纪所建造的雅典卫城中的依瑞克提翁神庙,建筑规模不大却很有特色(见图5-78),设计者没有生搬硬套已有建筑风格,而是根据建筑本身的性质、规范及其所在位置环境出发,依山就势、结合地形,把建筑处理成不对称、平面自由开朗、立面造型高低错落,与旁边庞大的帕提农神庙形成了强烈的对比。可见在远古时代,人们已经很懂得建筑与环境的结合了。

图 5-78　依瑞克提翁神庙

(2) 拙政园海棠春坞

再来看看我国著名的古典园林拙政园内的一个小建筑——海棠春坞(见图 5-79),这也是一个典型的建筑与环境结合完美的例子,建筑虽小,却别具匠心。这个供古人吟诗咏读的处所,设计者没有沿用一般小型园林厅堂三开间的习惯做法。而是配合侧面的两个大小不同的小院,别开生面地把建筑处理成不对称的两个开间。开间一大一小、一主一次,不仅使用方便,而且与外部自由布局的庭院气氛呼应、轻巧活泼,简洁而有变化。这和现代建筑理论所提倡的自由平面是一脉相承的。

图 5-79　拙政园海棠春坞

由此可见,建筑与外部环境的有机结合和协调统一,这是中外古典建筑作品共同特点之一。我国古典园林建筑中所谓"因地制宜"的说法就是对这种创作思想的高度概括。"地"就是环境,因地制宜就是说设计构思要因环境而异,不能一成不变。

### (3) 普林斯顿大学宿舍

当代著名建筑师贝聿铭说:"建筑说起来也简单,我认为有三个要点最值得重视。第一是建筑和环境的结合,其次是体形和空间,第三是建筑是为人所用、为使用者着想。"贝聿铭所设计的众多的作品中,都体现这一思想。如他所设计的美国普林斯顿大学宿舍是一个与自然环境紧密结合的建筑(见图 5-80),他对校园进行了细心的考察研究,巧妙地保存和利用了地段上原有的斜向穿越的步行小道,力求保持原来的地形、树木和自然景色的完好,把宿舍设计成八幢直角三角形平面的低层建筑(3~4层),使之形成一组具有独特风貌的建筑组群。它的每个"三角形"自成一个独立的住宿生活单元,各单元每层是用空中渡桥相连,在这里设计的主题不再局限于建筑本身,而是整个的地段、环境。环境成了建筑师构思的焦点,这种珍惜和保护建筑外部环境、紧密结合环境构思的方法是值得我们借鉴的。

实用性现代景观建筑与环境结合的这个"环境",一般是指建筑用地及其邻近的"小环境"(用地地形、建筑物及自然风景)。从广义上来说,它往往还包括一个地区、一个城市,甚至更远范围内的"大环境"。落笔一点、眼观一片,牢牢地带着城市规划观点去构思建筑方案,这是当代有成就的建筑师们又一创作特点。

图 5-80　普林斯顿大学宿舍

### (4) 悉尼歌剧院

澳大利亚悉尼歌剧院是一个构思上较突出的例子。丹麦建筑师抓住它在海湾风景中所处地位的造型要求,设计了许多帆篷状壳体。虽然从建筑个体看设计违背了现代建筑一系列原则,并给设计计算和施工带来了很多困难,但设计师抓住了整个海湾风景设计这一主要矛盾,结果受到澳大利亚人民的欢迎。有的人引以为民族的骄傲,几十万人慕名前往要一睹为快,不能不说是设计的成功。悉尼歌剧院的装饰形式和建筑功能内容看起来并不统一,其实这不过是在复杂的矛盾中抓主要矛盾,使个体建筑服从整体环境的要求而已。为此而作了很大的牺牲,以致结构计算用了六年,施工用了十七年,造价翻了数番。当然,为了环境的要求而不顾一切,这未必是值得我们效仿的。

(5) 流水别墅

美国著名建筑师赖特 1936 年为富豪考夫曼设计的流水别墅(见图 5-81)充分体现了建筑同自然环境相结合,好像是自然长出来的一样,赖特曾说:"这栋建筑是我对环境灵感的一个最新例证,在这里我得到了天才的、有鉴赏力的业主的合作。"他在进一步的设计中,着重强调瀑布倾泻而下的特征,整个建筑的构图,以水平穿插和延伸为主,以取得同瀑布的对比,并同两岸基本上是水平方向的巨大的山石取得和谐。他把起居室的三分之一连同左右平台挑出在溪流之上。事实证明,这个基本构思是相当成功的,它使建筑和周围的山、石、流水如此自然地结合在一起,以致人们几

图 5-81 流水别墅

乎不知建筑是为峡谷落水而建,还是峡谷落水为建筑而生。从远处看去,整个建筑物似乎是从山石中生长出来,又凌跃在溪流瀑布之上的,四季景色皆宜。

流水别墅与环境的巧妙结合,以其变幻多姿的形体和充满意趣的空间处理获得了成功,成为现代化建筑有名的代表性作品之一。自别墅落成后,吸引了很多人前往参观,有人甚至赞誉它是实现了的梦,说它触动了人们内心深处的某些东西。当然它也不是没是缺陷的。从建筑设计的一般原则上讲,它在使用、结构和构造上也存在一些问题。但是,作为开创性的事物,它有特殊的深远意义。作为赖特有机建筑的代表作,流水别墅的影响以及人们对它的评论,也早已超出了一幢建筑的范围。在现今世界的建筑领域中,建筑师的视野日益开阔,创作思想活跃多变,建筑与环境、社会、生态等的共生关系日益受到重视。

(6) 重庆航站楼

重庆航站楼也是一个与环境结合紧密的例子(见图 5-82)。航站楼的基地处于

图 5-82 重庆航站楼

一狭长地带内,航站楼正面受河道制约,背面又紧临滑道无发展余地。面对场地实际情况,设计者摒弃了习以为常的"一字"形处理手法,并根据功能要求,采用了许多菱方状的几何构图。在菱方体之间构成了许多不同形状而又有规律性的,从四川民居中借用来的小天井,利用这个菱方状体作为母体,不断地重复,组成修长的、阴阳交错的平面构图。它正好与狭长地段相吻合。两端分别以出港厅和餐厅、进港厅和行李厅等不同体量构图,紧密结合地形而又富于空间变化,创造性地解决了建筑主体应与地形相结合的问题。

从以上诸例充分说明实用性现代景观建筑与环境的密切关系,建筑不能破坏自然风景和原有地形、地貌,而是应该按照地形、地貌及环境特点去考虑建筑布局和空间组织,使建筑与自然环境协调结合为一整体,善于与环境相结合的建筑才配称为好的设计作品。

实用性现代景观建筑设计的新思路不是打断过去,而是要揭开一个新秩序,即立足于环境,进行地方的、民族的、融于环境但又有个性的建筑创作的探索。目前的物质环境和社会环境直接影响建筑的存在方式和发展变化。顺应全球可持续发展的浪潮,针对环境变化的因素(中国城市化进程加快,人口流动加大等问题),寻求有效的解决办法,将为实用性现代景观建筑设计创新带来更多的契机。

## 5.4　实用性现代景观建筑设计的成果事例

实用性现代景观建筑设计的成果事例见附录F。

## 5.5　课题设计

【本章要点】

5.1　了解景观建筑的分类及特点。
5.2　掌握各大类景观建筑的设计要点。
5.3　能应用第四节的景观建筑设计新思路设计出别出心裁的新型景观建筑。
5.4　本章建议24学时。

【思考和练习】

5.1　题目:景观建筑单体设计。
5.2　设计任务与要求:
5.2.1　为指定场所(校园内)设计一种现代景观建筑单体,类型为园林类建筑、服务类建筑、交通类建筑、特殊类建筑(大门等)之一;
5.2.2　要求运用现代景观建筑设计新思路,设计出具有一定内涵与美感,并能与所处校园环境相结合的现代景观建筑单体;

5.2.3 考虑现代景观建筑单体设计在场所中的位置,并要求画出总平面表现图。

5.3 作业成果要求:

5.3.1 景观建筑单体的平、立面,剖面(根据设计选取能反映设计的剖面)、透视图或轴测图;

5.3.2 平、立、剖面上要求标注控制性尺寸,并标注主体材料及色彩,比例根据所设计的建筑单体确定,以上均以能清晰反映设计意图为准;

5.3.3 A3幅面图纸。

# 6 现代景观建筑小品设计

19世纪末以前,现代景观建筑小品主要存在于皇家园林中,为皇族及达官贵人服务,高贵奢华,艺术感较强。后来,随着中西方文化的交流逐渐增强,工艺美术运动的兴起和皇族地位的没落,现代景观建筑小品开始从园林空间引入到城市开放空间和居住区等不同性质的空间中去,服务对象也相应延伸到公共社会,设计师开始考虑它们与人和环境的关系,它们的物质使用功能和精神功能。

## 6.1 概述

现代景观建筑小品的名称是从文学里"小品文"一词演变而来的,泛指一些公园庭院、自然风景区和公共绿地中简单、短小的建筑、雕塑和置景。现代景观建筑小品不仅具有多种使用功能,而且对环境具有极大的影响,是造景中举足轻重的一部分。由于它功能简明、体量小巧、造型新颖、立意有章,因此适用于任何景观环境。

现代景观建筑小品作为城市公共空间中的一种"主体"或"生产主体",它必然有着自己内在的价值观和精神取向。

现代景观建筑小品的艺术品位,正是其景观的组构形式和精神内涵的永久魅力之所在。它的形式主要体现了审美功能是其第一属性。现代景观建筑小品通过本身的造型、质地、色彩与肌理向人们展示其形象特征,表达某种情感,同时也反映特定的社会、地域、民俗的审美情趣。同时,现代景观建筑小品的艺术品位还体现在地方性和时代性当中,自然环境、建筑风格、社会风尚、生活方式、文化心理、审美情趣、民俗传统、宗教信仰等构成了地方文化的独特内涵,现代景观建筑小品也是这些内涵的综合体,它的创造过程就是这些内涵的不断提升、演绎的过程。建筑物因周围的文化背景和地域特征不同而呈现出不同的建筑风格,建筑小品也是如此,为与本地区的文化背景相呼应,而呈现出不同的风格。现代景观建筑小品所处的建筑室内外环境空间只有注入了主题和支脉,才能成为一个有意义的有机空间,一个有血有肉的活体,否则,物质构成再丰富也是乏味的,激不起心灵的深刻感受。如一些具有一定历史的城市在公共空间的改造和较大规模的新建过程中,为增进公共空间的人文内涵与艺术品位,通过合理的规划和科学的设计,设立一些具有公共精神和时代审美意义的现代景观建筑小品,诸如系列雕塑、水体、壁画、地景设计、永久性或短期陈设的装置艺术品等,并予以经常性的制度化管理与呵护,使市民在自然和艺术中得到陶冶,修养得到升华。

现代景观建筑小品作为城市环境的重要组成部分,已成为环境中不可或缺的要素,它与其他要素一起构筑了城市的形象。随着经济的发展和人民生活水平的日益提高,现代景观建筑小品的发展呈现以下趋势。

第一,满足人的行为和心理需要。人是环境中的主体,也是现代景观建筑小品的使用者。因此,在进行现代景观建筑小品设计时,应首先了解人的行为特点,即人体的基本尺度和行为活动模式。另外,不同的人有不同的习惯和爱好,在考虑人行为需求的同时也应考虑人的心理需要,如对私密性、舒适性等的需求。因此,在设计和应用现代景观建筑小品时,应坚持以人为本,结合人的行为特点、心理要求综合考虑。

第二,与环境有机结合。现代景观建筑小品是景观环境的重要组成部分,两者之间有着密切的依存关系。现代景观建筑小品以其丰富的类型、优美的外观极大地丰富了景观环境。但是仅从小品本身的造型出发显然是不够的,还要充分考虑其各构成要素,如材料、色彩等都需与环境协调一致。

第三,实现艺术与文化的结合。现代景观建筑小品要在景观环境中起到美化环境的作用,必须要有一定的艺术美,满足人们的审美要求,同时也应表现一定的文化内涵。

## 6.2 现代景观建筑小品在环境设计中的意义

### 6.2.1 现代景观建筑小品的价值

作为城市公共空间中的重要组成部分,现代景观建筑小品起着丰富城市景观、美化人们生活、增添城市生活趣味的作用,提高了城市的品位和人们生活的精致程度。现代景观建筑小品已成为人们所广泛接触的一种城市设施,优秀的建筑小品将和道路、水系、建筑等城市景观系统中的其他因素一起,使我们的城市产生长远的社会效益、生态效益和经济效益。现代景观建筑小品的价值主要体现在以下几个方面。

**1. 景观价值**

景观性和装饰性是每一个现代景观建筑小品都有的共性,小到一个电话亭、一个垃圾箱,如果没有适当的艺术加工,那么它们就只是城市公共设施,只是功能的实现与完成,而绝不能称之为景观建筑小品。没有了景观建筑小品的城市广场也只能在一种简陋的状态中生存,使用者仅仅得到物质的满足缺失了精神的享受。只有不同造型、不同材质、不同色彩、不同组合的现代景观建筑小品冲击着人们的视觉,城市环境才不显得生硬死板、缺乏生气(见图 6-1)。

**2. 实用价值**

现代景观建筑小品在环境中的作用是其他建筑与设施所不能替代的。如广场中的植被绿化,纯粹的绿化,绿化与现代景观建筑小品组合的效果是不同的,植物作为一种景观元素并不能表达所有的思想和意境,只需添加一涌喷泉、一块顽石、一座雕塑,或许便激活了整片绿化。只有铺装和绿地的广场,人们是不愿长久停留的,但添加了坐椅、景亭、廊架后,空间的亲和力便显现出来了。

图 6-1 某公园中电话亭

### 3. 文化价值

作为人类精神追求下的产物,现代景观建筑小品包含着设计者和使用者的美学观念以及所处城市赋予的文化内涵。伊利尔·沙里宁曾说过:"让我看看你的城市,我就能说出这个城市的居民在文化上追求的是什么。"从哪些地方去看呢?不外乎城市的建筑、街道、广场等,而作为人们精致生活体现的现代景观建筑小品应该更能展现出城市的文明与文化程度,因为它既能延续城市的地方文化特色,塑造城市景观,又能充分展现城市与时代文化的融合,完善城市的生活环境,满足了人们追求精神文化的需求。如图 6-2 所示的阿勒泰市某公园入口处的浮雕——阿勒泰之光,长 57 m,高 2.6 m,浮雕由 16 组画面共 48 人构成,反映了阿勒泰地区从 20 世纪 50 年代至今的发展历程,包括工农牧业、科技发展和民族团结等内容。

图 6-2 阿勒泰之光

**4. 情感价值**

一个好的现代景观建筑小品不仅能给人以视觉的享受,而且还能给人以无限的联想。设计师通过模拟、比拟、象征、隐喻、暗示等手法,创造出丰富多彩的、蕴涵情感的作品。有的给人轻松自然的感觉,如街头的情景小品(见图6-3);有的给人温馨随意的感觉,如居住区里的小品;有的给人庄严肃穆的感觉,如纪念性广场中的主题雕塑等。

图 6-3 美国街头情景雕塑

**5. 生态价值**

现代景观建筑小品与其他景观元素共同构成的优美环境有利于陶冶人们的性情,提高公民的个人修养,改正自身的一些不良卫生习惯,共同维护城市的环境质量。同时,现代景观建筑小品中的水景小品和植物小品在调节小气候,降低污染,消声、除尘等方面也有很大的作用,它们通过物质循环与能量循环来改善城市的生态环境,产生了一定的生态效应。

**6. 经济价值**

现代景观建筑小品构成的良好生活环境和城市景观,有利于提升城市形象和知名度,使市民心情舒畅,身体健康,提高生产效率和服务质量,并以此带动相关的产业如旅游业等的良性发展。

## 6.2.2 现代景观建筑小品的功能

**1. 组景**

现代景观建筑小品在空间中,既有使用功能,又为观赏对象。因此,设计中常常使用建筑小品把外界景色组织起来,使环境的意境更为生动。苏州留园揖峰轩六角景窗,翠竹枝叶看似普通,但由于用意巧妙,成为一幅意趣盎然的景色,远观近赏,发人幽思。在古典园林中,为了创造空间层次和富于变幻的效果,常常借助于建筑小品的设置与铺排,一堵围墙或一园门洞都精心地塑造,达到景物间完美的契合。

## 2. 观赏

现代景观建筑小品，尤其是那些独立性较强的建筑要素，如果处理得好，其自身往往就是环境中的一景。杭州西湖的"三潭印月"就是以传统的水庭石灯的小品形式"漂浮"于水面，使月夜景色更为迷人。由此可见，运用建筑小品的装饰性能够提高景观环境的观赏价值，满足人们的观赏要求。

## 3. 渲染气氛

在环境设计中常把桌凳、地坪、踏步、桥岸、灯具、指示牌和广告牌等予以艺术化、景致化，以渲染周围环境的气氛，增强空间的感染力，给人留下深刻的印象（见图6-4）。

图6-4　让人留下深刻印象的小品

## 4. 使用功能

现代景观建筑小品都有具体的使用功能。如园灯用于照明，桌椅用于休憩，展览栏及标牌用于提供游览信息，栏杆用于安全防护、分隔空间等。

为了取得良好的景观效果，现代景观建筑小品往往要做艺术处理，但一定要符合其使用功能，即符合在技术上、尺度上和造型上的特殊要求。如桌椅主要是供游人休息，所以要求其剖面形状要符合人体就座姿势，符合人体尺度，让人坐上去感到自然舒适。

# 6.3　现代景观建筑小品的分类及特点

凡在现代景观环境中，既有使用功能又可供观赏的景观建筑或构筑物，统称现代景观建筑及小品。尤其是现代景观建筑小品有景观和适用双重的价值特性。

### 1. 饰景小品

饰景小品在现代环境中主要起着点景的作用，本身作为环境中的景观组成部分，丰富景观，同时也有引导、分隔空间和突出主题的作用。

（1）雕塑小品

雕塑在古今中外的造景中被大量应用，涵盖了中国古典风格和欧美风格。从类型上大致可分为预示性雕塑、故事性雕塑、寓言雕塑、历史性雕塑、动物雕塑、人物雕塑和抽象派雕塑等。雕塑在景观中往往起喻义、比拟的作用,它是对景观概念的延伸,丰富了景观的文化内涵。

(2) 水景小品

水景小品主要是以设计水的五种形态(流、涌、喷、落、静)为目的的小品设施。水景常常为城市某一景区的主景,是游人视觉的焦点。在规则式景观绿地中,水景小品常设置在建筑物的前方或景区的中心,为主要轴线或视线上的一种重要点缀物。在自然式绿地中,水景小品的设计常取自然形态,与周围景色相融合,体现出自然形态的景观效果。

(3) 灯光照明小品

灯光照明小品主要包括路灯、庭院灯、灯笼、地灯、投射灯等,灯光照明小品具有实用性的照明功能,同时本身的观赏性可以成为环境中饰景的一部分,其造型的色彩、质感、外观都与整体环境相协调。灯光照明小品主要是为了夜景效果而设置的,突出其重点区域,增加景观的表现力,丰富人们的视觉审美。

**2. 功能性小品**

功能性小品主要是为游人提供便利的服务,创造舒适的游览环境,同时在视觉效果上要达到与整体环境的协调。

(1) 展示设施

展示性小品包括各种导游图版、路标指示牌,及动物园、植物园和文物古建、古树的说明牌、图片画廊等。它对游人有宣传、引导、教育等作用。设计良好的展示设施能给游人以清晰明了的展示概念与意图。

(2) 卫生设施

卫生设施的设计是为了使宜人的场所体现整洁干净的环境效果,创造舒适的游览氛围,同时体现以人为本的设计理念。卫生设施通常包括厕所、果皮箱等。卫生设施的设置不但要体现功能性,方便人们的使用,同时不能产生令人不快的气味,而且要做到与环境相协调。

(3) 休憩设施

休憩设施包括餐饮设施、座凳等。休憩设施具有休息与娱乐的功能,方便游人的出行,能够丰富景观环境,提高游人的兴致。休憩设施设计的风格与环境也应该构成统一的整体,并且满足人们不同的使用需求。

(4) 通信设施

通信设施通常指公用电话亭。由于通信技术的发展和人们互相联系的需要,景区中的电话亭数量也在增加,同时由于通信设施的设计通常由电信部门进行安装,对色彩及外形的设计与景观环境本身的协调性存在不一致。通信设施的安排除了要考虑游人的方便性、适宜性,同时还要考虑其在视觉上的和谐与舒适。

**3. 其他类小品**

此类包括场所中隔景、框景、组景等小品设施,如景墙、漏窗等。这类小品多数为建筑附属物,对空间形成分隔、解构,丰富景观的空间构图、增加景深,对视线进行引导。

**4. 特殊类小品**

随着时代的发展,公共环境中的建筑小品设施不仅为大众服务,而且也关注到一些特殊的群体,如老弱病残等等。这类小品设计更多聚焦于使用者,满足"形式服从情感"的理念,使设计从对功能的满足进一步上升到对人的精神的关怀,使全体社会成员都具有平等参与社会生活的机会,共享社会发展的成果。

## 6.4 现代景观建筑小品设计的要点

### 6.4.1 饰景类现代景观建筑小品

饰景类现代景观建筑小品多指雕塑、壁画、水景和假山等艺术形式。在环境设计中恰当使用这些饰景类小品作为造景的要素,可以有效地增加环境的文化气息,提升环境的文化内涵和文化品位。

**1. 雕塑**

雕塑小品指的是带有观赏性的小雕塑,一般体量小巧。不一定能形成主景,但可为某景区增添趣味。它多以人物或动物为主题,也有植物、山石或抽象几何形体形象的。中国古典园林中早有石鱼、石龟、铜牛、铜鹤、石仙人等雕塑,大多具有极高的观赏价值。西方古典园林中更是无一不有雕塑,其园林艺术情调极其浓郁,观赏价值极高。近年来,现代公园或城市广场上,利用雕塑小品烘托环境气氛,传达设计师的思想的做法日益增多,这些雕塑小品起到了加深意境,表现它所处的城市或地域文化的作用(见图 6-5)。

**图 6-5 长沙步行街上的情景雕塑**

(1) 按照雕塑的时间发展顺序来看

传统的雕塑,一般受主题与题材限制,它必须将真实地反映现实事物的形状和情感作为追求的目标,不论是具象的或是抽象的。通过正确把握形体、比例、结构、质地、情感而表达某一理想或主题,它必须符合形式美的一般规律的原则,诸如整体、统一、均衡、对比、节奏、韵律等以及完整的审美观念和审美情趣。雕塑所反映的内容必须真实、完善。所以,传统雕塑的形式美是以协调为目的的。

传统雕塑的形式表达是全面造型因素的综合,而现代雕塑则使这种全面因素走向解体,让造型因素走向"解构"。如仿效印象派的点、块塑造形体的方法,将综合的特定面与结构关系分割为细小的体块和点。只有在一定的距离之外通过视觉空间的明暗组合,才能获得新形象。这种处理手法,可视为一种形体构成的解构。

从传统雕塑向现代雕塑转化,是现代科技的发展,也是大众意识的自我肯定的结果。这种转变更多借助于新材料与新工艺。除了造型语言的准确外,对使用个性化的材料进行艺术化处理,充分利用木材的质朴、石头的浑厚、金属的坚实等特性,改变过去以一种材料表现不同质地的单一化处理方式,讲求把材料自身的性能、品质推向极致,创造更丰富又有个性的材料语言形象(见图6-6)。

图 6-6 倡导公众参与的现代雕塑形式

雕塑抽象化的发展,更使不同视点的形与色同时存在、同时出现,表示了对以往产生的否定和对瞬间发生的肯定。以体块、线条、色彩的扭曲、变化、模糊、重叠表示力感、速度和能量等。传统的雕塑是体量的艺术,以"雕"(减法)和"塑"(加法)进行创作,现代雕塑一反传统,从体量走向空间,把实体变成容器。开始时,从人体躯干的四肢之间的凹凸,发展到身体的内腔与外部相结合,并进一步加进"结构""多媒介""运动""光"等语言要素。不但使体量的雕塑解构为空间的雕塑,把静态的雕塑变成动态的雕塑,也使艺术门类之间的界限彻底分解,成为"装置"的艺术。

解构主义雕塑完全打破雕塑的界定性语言,脱离原来的传统语言,构造物本身演化为一个标志符号。"解构"是针对"构成"而言,它有两方面的含义,一是颠倒,颠倒事物的原有主次关系;二是改变,即引入一个新观念。解构主义反对形态整体性,重视异质性的并存。

在表现形式上运用错位、叠合、重组等手法,促使造型产生新形式(见图6-7)。

图 6-7 寓意生态平衡的抽象雕塑

不管是传统雕塑,还是现代雕塑,也不管是具象雕塑、意象雕塑还是抽象雕塑,它们在环境设计中都必须服从于公共环境空间的整体概念,受制于地域、环境、空间、时间的特殊要求,但也由于这种受制约和服从使雕塑产生出自己的个性风格和审美形式。

(2)按照雕塑的形式来看

雕塑根据其形式又可分为圆雕和浮雕两类。圆雕是占有实在空间的三维实体,浮雕则是指三维实体被压缩在一块底板上趋于平面的雕塑。圆雕可以从任何角度观赏,而浮雕通常只有一个观赏面(见图6-8)。浮雕的背景镂空,即为透雕,可以两面观。

图 6-8 凯旋门上的高浮雕

装饰性浮雕作为环境雕塑中公共艺术的一种表现形态,近年来在我国得到了迅速的发展。已由过去单纯的工艺性的小品发展成为大型的环境装饰艺术,已成为美化人们生活环境,陶冶人们情操的独立的艺术表现形式。

装饰性浮雕的发展和完善是基于对传统与现代的思考,对创作与设计的融合,以及历经写实与抽象形式兼容的艰辛过程而形成的。它受中外文化精华的滋润,又用现代雕塑手段来丰富,逐渐形成自身具有独特风格和时代感的形式规律与法则。正像其他新生的艺术形式一样,它的发展总是难以尽善尽美,装饰性浮雕艺术本身也正在经历着一个从初创、发展到完善、提高的过程。它需要创作者以真诚的心境和情感,在继承优秀传统的同时,执著地实践并探索新的表现语言和形式,匠心的起点要高,文化的内涵要深,不随波逐流,不盲从时尚,努力找准大众欣赏性和高难艺术性的结合点。

(3)按照雕塑的风格来看

雕塑根据其风格大致可分为预示性雕塑、故事性雕塑、寓言性雕塑、历史性雕塑、动物雕塑、人物雕塑和抽象派雕塑等。

预示性雕塑,可以安置在公园或庭院的门口,路过此地便知此园、院的性质,如在儿童娱乐园入口雕塑一位教师和几个儿童,在院校入口雕塑一支笔或一位学者像,体育场门口雕塑运动员像,熊猫馆门口的熊猫雕塑等,使人一看便知其园、院的故事。

故事性雕塑,大多取材于历史故事、传奇故事,根据地域特色、人文风采告诉人们当年发生在此地的一些真实故事。

寓言性雕塑寓教于乐,使人在游览中受到教育。例如,一些有名的雕塑作品——"司马光砸缸"(见图6-9)"守株待兔""岳母刺字"等。

图6-9 "司马光砸缸"雕塑

民俗类雕塑,如长沙黄兴路步行街上的补锅雕塑、炸臭豆腐雕塑,武汉汉口江滩公园中的勤劳的蚂蚁雕塑等。

抽象派雕塑则使游人边欣赏边猜测,各种各样的雕塑,增加了环境中文化的氛围,妙趣横生。

**2. 假山**

假山是相对真山而言,以自然的山石为蓝本,用天然的山石堆砌出微型真山,浓缩了大自然的神韵和精华,使人从中领略到自然山水的意境。通常假山可设计为瀑布跌水或者为旱山。庭院假山大的高可达 5 m 以上,小的则 1 m 左右,视空间环境而定。假山可在草坪一侧,可位于水溪边,大者可行走其间,小者又可坐落于水池中。其位于庭院的主要视线之中,供人欣赏,增添生活的情调和雅趣。

(1)假山的材料

假山的天然石材有太湖石、英石、斧劈石、石笋石、千层石和龟纹石等。

① 太湖石。中国四大传统名石之一,产于江浙交界的太湖地区,亦称洞庭石。太湖石有水旱两种,"旱太湖"产于湖周围山地,枯而不润,棱角粗犷,特有婉转之美。"水太湖"产于水中,因长期受波涛冲击,年代久远,多成孔穴,面面玲珑,十分稀贵。

② 英石。始产于广东英德,故又称英德石。石质坚而润,以灰英石多见,色泽呈灰青色,面多皱多棱,"瘦、皱、漏、透"四字简练地描述了英石的特点。

③ 斧劈石。沉积岩。有浅灰、深灰、黑、土黄等色。产江苏常州一带。具竖线条的丝状、条状、片状纹理,又称剑石,外形挺拔有力,但易风化剥落。

④ 锦川石。表似松皮形状,如笋,俗称石笋。色淡灰绿、土红,带有眼案状凹陷,产于浙江常山、玉山一带。形状越长越好看,往往三面已风化而背面有人工刀斧痕迹。

⑤ 千层石。铁灰色中带有层层浅灰色,变化自然多姿,产江、浙、皖一带。

⑥ 龟纹石。它是一种古生物化石,斑纹与龟纹无异,块状有方形、菱形、鱼鳞形、桃花形、竹叶形等,只要稍加打磨,浸在水里,花纹立即呈现,光泽十分鲜明。

(2)假山的设计要点

① 设计人员与业主沟通,查勘现场,根据环境的特点、方位、空间的大小,确定假山的石材、高度体量等,画好假山的平、立面图,有条件再画出假山的效果图,便于施工。

② 施工人员要研究图纸,做好假山的基础,基础一般用钢筋混凝土,然后通过采石、运石、相石,自下而上地逐层进行堆砌,在堆砌的过程中,做到质、色、纹、面、体、姿要相互协调,预留植物种植槽,做瀑布流水的应预留水口和安装管线,盛完之后以灰勾缝,以刷子调好的水泥和石粉扑于勾缝泥灰之上使之浑然一体。

③ 假山在设计上还要讲究"三远",所谓"三远"是由宋代画家郭熙在《林泉高致》中提出的:"山有三远:自山下而仰山巅,谓之高远;自山前而窥山后,谓之深远;自近山而望远山,谓之平远。……高远之势突兀,深远之意重叠,平远之意从容而缥缥缈缈。"

a.高远——根据透视原理,采用仰视的手法,而创作的峭壁千仞、雄伟险峻的山体景观。如苏州藕园的东园黄石假山,用悬崖高峰与临池深渊,构成为典型的高远山水的组景关系;在布局上,采用西高东低,西部邻池处叠成悬崖峭壁,并用低水位、小池面的水体作衬托,以达到在小空间中,有如置身高山深渊前的意境联想;再加上采用浑厚苍老的竖置黄石,仿效石英砂质岩的竖向节理,运用中国画中的复劈皴法进行堆叠,显得挺拔刚坚,并富有自然风化的美感意趣。

b. 深远——表现山势连绵,或两山并峙、犬牙交错的山体景观,具有层次丰富、景色幽深的特点。如果说高远注重的是立面设计,那么深远要表现的则为平面设计中的纵向推进。在自然界中,诸如由于河流的下切作用等,所形成的深山峡谷地貌,给人以深远险峻之美感。假山中所设计的谷、峡、深涧等就是对这类自然景观的摹写。

c. 平远——根据透视原理来表现平岗山岳、错落蜿蜒的山体景观。深远山水所注重的是山景的纵深和层次,而平远山水追求的是透迤连绵,起伏多变的低山丘陵效果,给人以千里江山不尽、万顷碧波荡漾之感,具有清逸、秀丽、舒朗的特点。正如张涟所主张的"群峰造天,不如平岗小坂,陵阜陂,缀之以石。"苏州拙政园远香堂北与之隔水相望的主景假山(即两座以土石结合的岛山),正是这一假山造型的典型之作,其模仿的是沉积砂岩(黄石)的自然露头岩石的层状结构,突出于水面,构成了平远山水的意境(见图 6-10)。

图 6-10　拙政园假山

上述所讲"三远",在假山设计中,都是在一定的空间中,从一定的视线角度去考虑的,它注重的是视距与被观赏物(假山)之间的体量和比例关系。有时同一座假山,如果从不同的视距和视线角度去观赏,就会有不同的审美感受。

**3. 喷泉**

喷泉是最常见的水景之一,广泛应用于室内外空间,如城市广场、公共建筑。它不仅自身是一种独立的艺术品,而且能够增加局部空间的空气湿度,减少尘埃,大大增加空气中负氧离子的浓度,因而有益于改善环境,增进人们的身心健康。

喷泉原本是一种自然现象,是地下水受压后经地表的狭小出口喷出所形成的景观。后来人们就以人工制造喷泉,以追求其实用性和装饰性。

喷泉的实用性在于能为人们提供方便的饮水。古时,顶着烈日南来北往的行人来到市镇广场的喷泉旁,喝一口清凉的泉水,洗洗手,擦把脸,在池边休息一下,暑气顿消，疲劳尽解。这种提供饮水的喷泉在世界各地均可见到。匈牙利维谢格拉德古堡的哥特墙喷泉，具有古朴的哥特式建筑风格；摩洛哥非斯城里的内雅兰喷泉，则充满了浓郁的伊斯兰艺术色彩；巴黎的天真广场喷泉，在喷水口上建了一个小亭；而墨西哥穆德哈尔喷泉，则把整个水池都覆盖在一个大型亭廊里，便于行人休息；普法战争期间旅居巴黎的英国人瓦兰斯，出钱在巴黎街头修建了 50 座供行人饮用的小型喷泉，这种喷泉用铁铸成，四个女神撑着一个圆顶。除法国巴黎外，全球已有超过 20 个国家安装了这种瓦兰斯喷泉。2004 年 7 月，有一个这种类型的喷泉在我国澳门地区启用，为街头行人提供合乎直接饮用卫生标准的清水（见图 6-11）。

**图 6-11　欧式喷泉**

现代喷泉往往发展成大型水雕塑，用喷水构成各种形态，且用声、光、电自动控制，水柱随声起舞，色彩变幻万千，喷泉艺术进入了崭新的时代。喷泉的细小水珠同空气撞击，能产生大量负氧离子，有助于居民身体健康。

喷泉的设计要点如下。

① 喷泉的类型很多，大体可分为普通装饰性喷泉、与雕塑相结合的喷泉、水雕塑、自控喷泉等。喷泉水池的形式有自然式和整形式。

② 在一般情况下，喷泉的位置多设于建筑、广场的轴线焦点或端点处，也可以根据环境特点，做一些喷泉小景，自由地装饰室内外的空间。

③ 喷泉宜安置在避风的环境中以保持水型。

④ 喷水的位置可以居于水池中心，也可以偏于一侧或自由地布置。

⑤ 喷水的形式、规模及喷水池的大小比例要根据喷泉所在地的空间尺度来确定。

⑥ 不同的环境下，喷泉的位置应有讲究：

a. 开阔的场地,如车站前、公园入口等,喷泉水池多选用整形式,水池要大,喷水要高,照明不要太华丽;

b. 狭窄的场地,如街道转弯等,喷泉水池多为长方形;

c. 传统式园林内,喷泉水池多为自然式喷水,可做成跌水、涌泉等,以表现天然水态为主;

d. 热闹的场所,如公园的一些小局部,喷泉的形式自由,可与雕塑等各种装饰性小品结合,一般变化不宜过多。

⑦ 喷水的高度和直径要根据人眼视阈的生理特征,使其在垂直视角 30 度、水平视角 45 度的范围内有良好的视阈。

⑧ 喷泉的适合视距为喷水高的 3.3 倍,当然有可以利用缩短视距,造成仰视的效果。

⑨ 水池半径与喷泉的水头高度应有一定的比例,一般水池半径为喷泉高的 1.5 倍,如半径太小,水珠容易外溅。

⑩ 为了使喷水线条明显,宜用深色景物作背景。

**4. 灯具**

自古以来,灯光一直是人们赖以生存的照明手段,伴随人类度过了数千年的漫长黑夜。时至今日,灯光已超越了单纯的环境照明而步入环境艺术的领域,并开辟出一类新的艺术形式——灯光环境艺术。

人类在其生存聚居地——现代城市,成功地运用灯光,营造着人类的夜间生存空间。鳞次栉比的建筑群里,街道霓虹闪烁,车灯汇流成河,广告争奇斗艳,橱窗五光十色,种类繁多的灯光塑造着现代人工灯光环境。集镇、小城、大都市都有不同的灯光表现,可以说,夜间灯光越是明亮繁华的地方,也就喻示着这个地方越是发达,因此,在某种程度上,灯光成为人类文明程度的标志,也是衡量不同地域、不同城市发达程度的标志。灯光强化城市空间节奏,增强色彩的表现力,对城市景观进行夜间重塑,从而渗入人们的生活。所以城市灯光环境艺术的表现形式应符合当代艺术创作的总趋势,应体现灯光环境艺术鲜明的时代特征。

**1) 城市广场灯光艺术**

广场灯光环境是室外灯光环境的重点构成部分,无论在城市中扮演何种角色,它们都会成为引人注目的中心,成为城市中闪亮的亮点,让人驻足,激发人的活动,为城市灯光注入活力。

(1) 灯光制约主体的表现

广场的性质常由广场内或四周的制约主体决定,如果对制约主体的灯光合理设置,会使广场的主题更加鲜明、突出。如株洲市炎帝广场,具有公众集会、举办纪念性活动、市民体闲、健身、娱乐的功能,这些广场夜间照明有别于商业繁华的"购物广场",其夜间照明应恪守端庄、亮丽、大气、辉煌,显得严肃而不呆板,因为这类市政广场除了有公众集会的情况外,在日常还兼有供市民体闲娱乐的功能。广场中的喷泉、雕塑、树荫、草坪以适宜的灯光陪衬,起到调节、舒缓的作用,给人以轻松愉悦的感觉。

但是商贸广场、商业步行街和灯光夜市则不同,其夜间表现则非常自由,追求的是繁花似锦,光彩夺目,以体现繁荣昌盛的景象,既要营造浓郁的商业气氛,又有强烈的刺激性,并具备节能、美观、环保、安全等原则。

对为提供市民休闲或兼有交通功能的广场,则要减少光和色对视觉的强烈刺激,降低色觉疲劳,把光和色的动态变换形成一种色的旋律,光的乐章,让人们的观感视觉舒适地接受光的韵律,同时配合广场音乐,给人以情绪的感染,使人情不自禁地参与到广场文化娱乐活动中来。

(2)灯光对使用空间的表现

一个广场通常具有多种类型的空间,如位于中心的硬地开放空间,或四周是与休息设施结合的半开放空间,或绿地中的半私密空间,灯光也应适宜不同的空间需求,并根据这些需求来设定高度及亮度。公共开放空间的灯光应高而明亮,可利用广场灯,半私密部分的灯光应矮而柔和,可利用庭院灯、草坪灯。各种不同的灯光在一个广场内相互掩映,既与具体空间性质相适应,整体上又丰富了广场的空间层次,形成广场灯光艺术的前提。

灯光的安排还要根据广场的形状特点由四周围合广场的界面确定,界面可以是建筑、墙体、柱廊、树木等围合体,如果对这些围合体的灯光进行合理处理,就使人在夜晚中明晰广场形状,又容易将自己定位。

(3)灯光创造夜间活动空间

广场的活动空间在白天主要靠广场的硬质及软质界面来限定,也常结合地面的高度、质感及色彩来划分功能,而在夜间,则加进了一个因素即灯光,灯光重塑了广场的形象,更重要的是可创造性地分割、限定人们的活动空间。一块广场硬地在白天是均衡的,与人们的活动空间没有分别,而在夜间则有灯下的明处和远离灯光的暗处之分,明处常是人的活动中心,这样,一块平整的硬地在白天与夜间有着不同的使用情况——灯光就是这些不同的塑造者。

灯光在对广场各个物质层次的重新塑造之后,为不同年龄阶层的市民在夜间的公共活动创造了极有利条件,使更多人到广场中活动,满足了人们的社会心理需求。只有人们在广场灯光环境中不知不觉地"使用",又不知不觉地"欣赏",使审美感受由表及里,在潜移默化中有所感悟,使平常的生活与美自然地结合在一起,这样才能完成灯光环境的终极意义,上升到灯光艺术。

2)灯具的分类

照明灯具包括路灯、庭园灯、草坪灯等。一般来说,路灯的高度都在 4 m 以上,照度也比较亮;庭园灯的高度一般为 3~5 m,一般要根据所设计的场地大小来决定灯的高度;草坪灯,高度一般在 1 m 以下。

3)照明方式分类

① 一般照明是不考虑局部的特殊需要,为照亮整个环境而采用的照明方式(见

图 6-12)。

图 6-12 一般照明——照亮全局

② 重点照明是为满足某些部位的特殊需要,在一定范围内设置灯具的照明方式(见图 6-13)。

图 6-13 重点照明

③ 装饰照明是为了对照明空间进行装饰、增加空间层次、制造环境气氛而采用的照明方式(见图 6-14)。

图 6-14 装饰照明——增加空间层次感

## 6.4.2 功能类现代景观建筑小品

**1. 宣传廊、宣传牌、标志牌**

城市中的指示牌就像佩戴在人们身上的各种徽章,在表述指示功能的同时,也是城市中的一种装饰元素。一个优秀的指示牌设计,应该是将功能与形式有机地统一起来,并与周围环境相和谐。直线、曲线、抽象、具体,各种艺术造型纷纷应用其中,它们不仅自然而然地表达了自身的指示功能,更带给人们耐人寻味的艺术享受。

景观环境是游人休息娱乐的场所,也是进行文化宣传、开展科普教育的阵地。在各种公园、风景游览胜地设置展览馆、陈列室、纪念馆以及各种类型的宣传廊、画廊,开展多种形式的宣传教育活动,可以收到非常积极的效果。

宣传廊、宣传牌以及各种标志牌有接近群众、利用率高、占地少、变化多、造价低等特点。除其本身的功能外,它还以其优美的造型、灵活的布局装点美化园林环境。宣传廊、宣传牌以及各种标志造型要新颖活泼、简洁大方,色彩要明朗醒目,并应适当配置植物遮阳,其风格要与周围环境协调统一(见图6-15)。

**图 6-15 与环境非常协调的宣传牌**

宣传廊、宣传牌的位置宜选在人流量大的地段以及游人聚集、停留、休息的处所。如园林绿地及各种小广场的周边、道路的两侧及对景处等地。宣传廊、宣传牌亦可结合建筑、游廊园墙等设置,若在人流量大的地段设置,其位置应尽可能避开人流路线,以免互相干扰。

**2. 休息桌椅**

休息桌椅是景观设计中很重要的一个内容,它可以让人们坐下休息或活动。设计中休息椅、凳不仅要方便实用,且应该设计得美观耐用。单座椅凳一般座面宽度为40~50 cm,座面高度为38~40 cm,附设靠背高度为35~40 cm。经统计,在所有类型的椅凳中,3~4人的长椅,占总数的25%~30%,双人的长椅约占总数的50%。多人坐的长椅多设在人流集中的地方,如购物中心等。

(1)桌椅的设计要点

桌椅是街道、广场等场所必备的公共设施,桌椅的设计与制作要首先考虑结构坚实,尺度合宜,其式样和布置方式可以丰富多彩。它的设置一般选择在人们需要休息、环境较好、有景可赏之处。既可单独设置也可以成组设置;既可自由分散布置,又可规则地连续布置,也可以与花坛等其他环境小品组合,形成一个整体。

① 桌椅的设置方式应考虑人在室外环境中休息时的心理习惯和活动规律。一般以背靠花坛、树丛或矮墙,面朝开阔地带为宜,或结合桌、树、花坛、水池设计成组合体,构成人们的休息空间(见图6-16)。

图 6-16　背靠树丛

② 供人长时间休憩的椅凳,应注意设置的私密性。以单座型椅凳或较短连坐椅为主,可几张坐凳与桌子相结合,以便于人们较长时间的交流和休息。

③ 人流较多供人短暂休息的椅凳,则应考虑设施的利用率。根据人在环境中的行为心理,常会出现七人坐椅仅坐三人或两人坐椅只能坐一人的情况。所以长度约为2 m的三人坐椅的适用性被证明是较高的。或者在较长的椅凳上适当画线分格,也能起到提高其利用率的效果。在街道宜采用没有靠背的座凳,因为人们不会坐得太久,在较开阔的地方可以采用靠背座椅。

④ 坐椅的样式首先要满足其功能要求,然后要具有特色。一般来说,同一环境的设施小品应该具有统一风格(见图6-17)。

图 6-17　某游乐场入口处的休息凳

⑤ 为保持环境的安静,且互不干扰坐椅间一般要保持 5~10 m 的距离,还可以利用地形、植物、山石等适当分隔空间,创造一些相对独立的小环境,以适应各类人群的需要。

⑥ 室外景观环境中的台阶、叠石、矮墙、栏杆、花坛等也可以设计成兼有坐椅的功能。

⑦ 坐椅周围的地面应进行铺装,或在坐椅的前面安放一块与坐椅等长、宽 50 cm 的踏脚板,以保持卫生。

**3. 饮水及洗手小品**

供成人饮水的饮水机高度应该为 700~800 mm,供儿童使用的高度应在 400~600 mm 之间;其基本形态为方、圆、多角形及其相互组合的几何形体,造型宜简洁单纯,所用材料以不锈钢、石材、陶瓷、混凝土为主,设置方位宜在步行街、广场、商业环境等人流密集且易于供水、排水的场所。

饮水机的构成要素包括水龙头出水口、基座、水容器面盆和踏步等。当然设置饮水小品的前提是该地区要有净水供应管道。

**4. 垃圾箱**

几乎所有公共场所都有垃圾箱,设置的目的是收集人们丢弃的果皮纸屑等废弃物,保持公共场所的清洁。垃圾箱也是值得重视的一个设计因素。设计时应特别注意,不仅要美观,而且要方便人们丢垃圾。

(1) 设计要点

① 垃圾箱应设在路边、休憩区内、小卖店附近等处,设在行人恰好有垃圾可投的地方,以及人们活动较多的场所,如公共汽车站、自动售货机、商店门前、通道和休息娱乐区域等。

② 垃圾箱在具体环境中的位置应明显,即具有可识别性而又不过于突出。

③ 垃圾箱应与坐椅保持适当的距离,避免垃圾对人造成影响。

④ 垃圾箱周围的地面应做成不渗水的硬质铺装,铺地可略高出周围地面,便于清洗。垃圾箱不宜设在草坪上。

⑤ 垃圾箱的投口高度为 0.6~0.9 m。

⑥ 垃圾箱位置和数量的设置,要与人流量、居住密度相对应。安放距离不宜超过 50~70 m,间距一般为 30~50 m。设置在道路两侧垃圾箱,其间距按道路功能划分,具体如下。

a. 商业街道、金融街道:50~100 m;

b. 主干道、次干道、有辅道的快速路:100~200 m;

c. 支路、快速路:200~400 m。

⑦ 垃圾箱的防水设计非常重要,应不灌水、不渗水,以免造成大面积污染,应便于移动、倒空与清洗,因此,垃圾箱做成圆柱形的居多,其上部可略微扩大。垃圾箱的投口不可太小,以使投物方便。

**5. 电话亭**

电话亭属于环境空间中的服务亭点,它和书报亭、快餐点、问讯处、花亭、售票亭等一样具有体积小、分布广、数量多、服务单一的特点。其造型小巧,色彩活泼、鲜明,作为现代通讯设施,越来越广泛地渗透到现代生活之中。同时,公共电话亭作为市政设施小品的重要组成部分,点缀着城市街道和广场景观,其千姿百态的造型,丰富了城市的空间环境。

(1) 目前城市中电话亭设计存在的问题

① 形态太过统一而显示不出不同环境空间的特色和文化氛围。

② 色彩不醒目,甚至掩没于树丛中让人难以发现,识别性不强。

③ 应考虑封闭式箱体型与敞开式单体型的配合设置。单体型因其造价低、制作安装方便而被广泛设置。但相对单体型来说其隐私保密性和遮风挡雨的功能不强,从而导致利用率的降低。

(2) 设计要点

① 电话亭在步行环境中的设置距离一般为 100~200 m。敞开式单体型,其尺寸约为高 2000 mm,深度 700~900 mm;箱体型的箱体尺寸一般为高 2000~2400 mm,水平面积 800 mm×800 mm~1400 mm×1400 mm。

② 出于环境景观整体性考虑,电话亭前不宜出现过多遮挡物,所以电话亭的造型应该简洁明了、通透小巧。

③ 残疾人使用的电话亭面积比通常稍大,电话装置距地面的高度为 1000~1200 m,与坐轮椅者视线相平。在电话亭的标志中,必须加入凸出的有盲文特征的标识。标识中心距地面 1525 m。电话亭还应该考虑设置扶手,扶手距地面 1~1.3 m。电话亭的形象应以色彩明亮、造型别致大方、引人注目为宜。

### 6.4.3 其他类现代景观建筑小品

**1. 花格**

在现代景观建筑中,各种花格广泛用于墙垣、漏窗、门罩、门窗、栏杆等处。花格既可用于室内,亦可用于室外;既可分割空间,又可使空间相互联系;既能满足遮阳、通风等使用功能的要求,又可装点环境。

(1) 设计要点

① 花格在形式上可做成整幅的自由式的,也可采用有变化、有规律的几何图案。这些花式和图案可以组成整齐的平面花式,也可以组成富有阴影的立体形态。

② 整幅花式的设计应考虑能分块制作,既要有灵活性,又不影响拼接之后的美观。

③ 设计几何形图要考虑能划分成简单的构件,这些构件既可方便预制装配,又可组合成变化多端的样式。

④ 在组合中,花格通过有规律的重复出现和有组织的变化激起人的美感,构

件组合的虚实对比能产生层次多变的艺术效果。

⑤ 花格构件可根据不同的材料特性，或形成纤巧的体态，或形成粗壮的风格。

(2) 制作材料

按制作材料分为砖瓦花格、水泥制品的花格、竹木花格、金属花格、琉璃花格和玻璃花格等。砖、瓦是最普通的地方材料，用来制作花格价格低廉、取材方便、施工简单，在围墙、漏窗、栏杆等处应用十分广泛。

**2. 景窗**

(1) 景窗的概念

景窗又称花窗，景观建筑中的重要装饰小品，它不仅可分隔空间，还可使墙两边的空间相互渗透，达到似隔非隔、若隐若现、虚中有实、实中有虚的艺术效果。同时，景窗自身有景，这是与门洞的主要不同之处，门洞虽也起分隔空间的作用，但其自身不作景象，在组景中以能起到景框的作用为主。窗花的玲珑剔透、取材多样、造型丰富，也常为造景中的点睛之笔(见图 6-18)。

图 6-18　某公园中的花窗

(2) 景窗的形式

景窗的窗框有长形、方形、菱形、圆形、六角形、八角形、扇形以及其他多种不规则形。

从构图上看，景窗的形式大致可分为几何形和自然形两大类。几何形常将菱花、万字、水纹、鱼鳞、波纹等基本形式进行多种手法的构成，图案有一定的规律可循。自然形常带有主题性，花鸟鱼虫、梅兰竹菊、神话传说等均可作为构图的内容。或金鱼戏水，或孔雀开屏，或翠竹秀色，或古梅倩影，造园师常常将一幅幅富有生气、风趣别致的画面通过景窗展现给游人，让游人流连忘返。

(3) 景窗的做法

景窗在做法上，几何形多用砖、木、瓦等按设计的纹样制作，自然形古时多用木刻，或用铁片、铁条做骨架，再以灰浆、麻丝逐层裹塑，成形后涂以色彩、油漆即可。现多用钢筋混凝土及水磨石制作,做法更简洁。塑造的窗花,虽能形象地刻画景物,但不够自然。用钢筋混凝土可组成任意大小的窗花,但容易产生尺度过大的现象,因此,在设计时一定要同所在的建筑物相关部分的尺度相协调。

(4)景窗的应用

景窗的应用十分广泛,在庭院中,分隔空间的隔墙以及半边封闭的步廊,多以安置景窗来增加园景相互渗透的效果,或用以避免或减轻实墙单调、闭塞的感觉。这些景窗可以采用同一样式均衡排列,或洞形相同、花样多异,也可以采用洞形花样均不同的什锦式。处于厅、堂、廊、榭等景观建筑墙壁上的景窗,要求虚实搭配得当,既要考虑与建筑物协调,也要考虑园林空间的构图要求,要注意避免把景窗设置在容易损坏的墙体上。室内的景窗如以独立的形式出现,多采用博古式,这类景窗古今运用都很普通,其上多四季盆花或小型工艺品,显得十分古朴典雅。

**3. 窗洞**

此外,很多景区中的墙还常有不装窗扇的窗孔,称窗洞。窗洞除能采光外,还常作为取景框,使游人在游览中不断地获得新的画面。窗洞后常置石峰、竹丛、芭蕉之类,形成一幅幅小品图画。窗洞还能使空间相互渗透,增加景深,达到扩大空间的效果。

窗洞的形式有方形、长方形、六角形、圆形、扇形、葫芦形、秋叶形、瓶形等各种形式。窗洞的高度多以人的视点高度为标准,以便于眺望。在江南古典园林中,窗洞的边框常用青灰色方块镶砌,周围刨出挺秀的线脚,经打磨光滑之后与白粉墙形成朴素明净的色调对比。

### 6.4.4 特殊类现代景观建筑小品

**1. 无障碍设施**

随着社会文明的进步,公共设施需要适应各种类型人群的需求,已成为世界范围内普遍存在并越来越受到关注的社会问题。20世纪50年代末、60年代初,西方发达国家就开始注意这一问题,并取得了很大进展。70年代以来,日本吸取了发达国家的经验,积极为老年人和残疾人探索并提供便利的物质环境条件,提高这部分人的自立程度,使得他们的生活圈子大为扩展。我国自80年代起开始这方面的努力,颁布了《城市道路和建筑物无障碍设计规范》(JGJ 50—2001),发行了有关无障碍设施的通用图集(88J12),并在北京、上海、南京、广州等城市,对一些公共设施进行无障碍改造。

1)无障碍设计是福利社会城市规划建设的重要内容

景观是公共设施,它是以植物、建筑、山石、水体及多种物质要素,经过各种艺术处理而创造出来的,占有一定空间、提供大众游赏的公共设施。它同人们的视觉、听觉、触觉以及行为模式的联系十分密切。在城市园林化的进程中,景观环境已成为人们生活环境的一部分,与人们的日常生活密切相关。在目前经济条件下,如何在景观的规划设计和建设中,适应各种类型游人的需要,体现对各类游人的关爱,创建一个安全便捷、舒适宜人的无障碍环境,是我们环境设计工作者十分紧迫的研究课题。

**2)老年人对景观环境的特殊要求**

老年人在生理上,体力弱、感官衰退、反应迟钝,在心理上,重人情、重世情、重乡情,希望得到别人的尊重,与人交往,要求独立自主。这些特点,决定了他们对环境的特殊要求。这种要求主要表现在道路通行及使用公用设施的系列环节上。老年人的经济地位发生了变化,一般都由主导变为辅助,由忙于工作无暇休息变为余暇时间大幅增加,由以社会工作环境为主,变为以社区居住环境为主。这些变化又势必会对他们带来心理上的压力和情绪上的波动,导致出现孤独、失落、自卑和抑郁感。因此,他们迫切希望走出居所,到优美的环境中呼吸新鲜空气、沐浴阳光、锻炼身体、与人交流、愉悦身心并积极参与各种社区活动。

**3)无障碍设施的设计原则**

(1)无障碍性

无障碍性是指环境中应无障碍物和危险物。这是因为老弱病残者由于生理和心理条件的变化,自身的需求与现实的环境时常产生距离,随之他们的行为与环境的联系就发生了困难。也就是说,正常人可以使用的东西,对他们来说可能成为障碍。因此,作为环境设计者,必须树立以人为本的思想,设身处地为老弱病残者着想,要从轮椅使用者和视觉残疾者的需要出发,积极创造适宜的空间,以提高他们在环境中的自立能力(见图 6-19)。

图 6-19　某天桥上的无障碍设施

(2)易识别性

易识别性是指环境中标识和提示的设置。老弱病残者由于身心机能不健全或衰退,或者感知危险的能力差,即使感觉到了危险,有时也难以快速敏捷地避开,或者因错误的判断而产生危险。因此,缺乏空间标识往往会给他们带来方位判别、预感危险上的困难,随之带来行为上的障碍和不安全。为此,设计上要充分运用视觉、听觉、触觉的手段,给予他们以重复的提示和告知,并通过空间层次和个性的创造,以合理的空间序列、形象的特征塑造、鲜明的标识示意以及悦耳的音响提示等,来提高空间的导向性和识别性(见图6-20)。

图6-20　地铁站里的无障碍设施

(3) 易达性

易达性是指环境中应保证使用者在游赏过程中的便捷性和舒适性。老年人行动较迟缓,因此要求场所及其设施必须具有可接近性。为此,设计者要为他们积极提供参加各种活动的可能性。从规划上确保他们自入口到各空间之间至少有一条方便、舒适的无障碍通道及其必要设施,并保证他们有通过付出生理上的努力,能得以实施的心理满足感。

(4) 可交往性

可交往性是指环境中应重视交往空间的营造及配套设施的设置。老年人愿意接近自然环境,其中一个重要原因,是可以消除一些孤独感和抑郁感,宣泄一下心中的自卑失落和急躁烦闷。因此,在具体的规划设计上,应多创造一些便于交往的围合空间、坐憩空间等,以便于相聚、聊天、娱乐和健身等活动,尽可能满足他们由于生理和心理上的变化而对空间环境的特殊要求和偏好。

**4) 无障碍细部构造设计**

环境中的无障碍设计,除了对环境空间要素的宏观把握外,还必须对一些通用的硬质景观要素,如出入口、道路、坡道、台阶、小品等细部构造,做细致入微的考虑。

① 出入口。宽度至少在120 cm以上,有高差时,坡度应控制在1/10以下,两边宜加棱,并采用防滑材料。出入口周围要有150 cm×150 cm以上的水平空间,以便于轮椅使用者停留。入口如有牌匾,其字迹要做到弱视者可以看清,文字与底色对比要强烈,最好能设置盲文。

② 道路。路面要防滑,且尽可能做到平坦无高差、无凹凸。如必须设置高差时,应在2 cm以下。路宽应在135 cm以上,以保证轮椅使用者与步行者可错身通过。纵向坡度宜在1/25以下。另外,要十分重视盲道的运用和诱导标志的设置,特别是对于身体残疾者不能通过的路,一定要有预先告知标志;对于不安全的地方,除设置

危险标志外,还须加设护栏,护栏扶手上最好注有盲文说明。

③ 坡道和台阶。坡道对于轮椅使用者尤为重要,最好与台阶并设,以供人们选择。坡道要防滑且要缓,纵向断面坡度宜在 1/17 以下,条件所限时,也不宜大于 1/12。坡长超过 10 m 时,应每隔 10 m 设置一个轮椅休息平台。台阶踏面宽应在 30~35 cm,级高应在 10~16 cm,幅宽至少在 90 cm 以上,踏面材料要防滑。坡道和台阶的起点、终点及转弯处,都必须设置水平休息平台,并且视具体情况设置扶手和照明设施。

④ 厕所、坐椅、小桌、垃圾箱等景观建筑小品。其设置要尽可能使轮椅使用者容易接近并便于使用,而且其位置不应妨碍视觉障碍者的通行(见图 6-21)。

图 6-21　佛山梁园中的无障碍设施

**2. 管理类现代景观建筑小品**

管理类小品是指在环境中起管理性作用并且具有优美造型的建筑小品。

(1)栏杆

栏杆除起防护作用外,还用于分隔不同活动内容的空间,划分活动范围以及组织人流。栏杆同时又是环境的装饰小品,用以点景和美化环境。栏杆在环境中不宜普遍设置。特别是在水池、小平桥、小路两侧,能不设置的地方尽量不设。在必需设置栏杆的地方应把围护、分隔的作用与美化、装饰的功能有机地结合起来。

设计要点如下。

① 栏杆的造型要求与环境协调统一,使其在衬托环境、表现意境上发挥应有的作用。例如,颐和园中采用石望柱栏杆,其沉重的体量、粗壮的构件,形成稳重端庄的造型(见图 6-22)。

图 6-22 颐和园中的栏杆

苏州拙政园中，主体建筑远香堂北面平台上则用低矮的水平石栏杆，这既衬托了厅堂，又和其前面开阔明净的池面相协调；在风景游览胜地，则常采用简洁、轻巧、空透的栏杆。栏杆的高度要因地制宜，要考虑功能的要求，但不能简单地以高度适应管理上的要求。悬崖峭壁、洞口、陡坡、险滩等处地防护栏杆的高度一般为 1.1～1.2 m，栏杆格栅的间距要小于 1.2 m，其构造应粗壮、坚实。台阶、坡地的一般防护栏杆、扶手栏杆的高度常在 90 cm 左右。设在花坛、小水池、草坪边以及道路绿化带边缘的装饰性镶边栏杆的高度为 15～30 cm，其造型应纤细、轻巧、简洁、大方。用于分隔空间的栏杆要求轻巧空透、装饰性强，其高度视不同环境的需要而定。此外，还有坐凳式栏杆、靠背式栏杆，它既可起围护作用，又可供游人休息就座，常与建筑物相结合设于墙柱之间或桥边、池畔等处。制作栏杆常用材料有石料、钢筋混凝土、铁、砖、木料等。钢筋混凝土栏杆一般采用细石混凝土预制成各种装饰花纹，运到现场拼接安装。其施工制作比较简便、经济，但需注意加工质量。如果偶经碰撞即损坏并显露出钢筋，反而会有损于环境美。铁制栏杆轻巧空透、布置灵活，但应注意防蚀、防锈。

② 栏杆设计中还应该注意：

a. 低栏要防坐防踏，因此低栏的外形有时做成波浪形的，有时直杆朝上，只要造型好看、构造牢固，杆件之间的距离大些无妨，这样既省造价又易养护；

b. 中栏在须防钻的地方，净空不宜超过 14 cm，在不需防钻的地方，构图的优美是关键，但这不适于有危险、临空的地方，尤要注意儿童的安全问题，此外，中栏的上槛要考虑作为扶手使用，凭栏遥望也是一种享受；

c. 高栏要防爬，因此，下面不要有太多的横向杆件。

③ 栏杆的用料，石、木、竹、混凝土、铁、钢、不锈钢都有，现最常用的是型钢与铸铁、铸铝的组合。竹木栏杆自然、质朴、价廉，但是使用期不长，如需使用，真材实料要经防腐处理，或者采取"仿"真的办法。混凝土栏杆构件较为拙笨，使用不多，有时作栏杆柱，但无论什么栏杆，总离不了用混凝土作基础材料。铸铁、铸铝可以做出各种花型构件，美观通透。其缺点是性脆，断了不易修复，因此，常常用型钢作为框架，取两者的优点而用之。还有一种用锻铁制作，杆件的外形和截面可以有多种变化，做工也精致，优雅美

观,只是价格不菲,可在局部或室内使用。

④ 栏杆的构件除了构图的需要,栏杆杆件本身的选材、构造也很有考究。一是要充分利用杆件的截面高度,提高强度以利于施工;二是杆件的形状要合理,如二点之间,直线距离最近,杆件也最稳定,多几个曲折就要放大杆件的尺寸,才能获得同样的强度;三是栏杆受力传递的方向要直接明确。只有了解一些力学知识,才能在设计中把艺术和技术统一起来,设计出好看、耐用又便宜的栏杆来。

(2) 洞门

在园墙和亭、廊轩等建筑的墙上,不装门扇的门孔称洞门。在一些风景区中,墙的运用很多,一般直、长的实墙容易显得呆板,为了使其成为造景中的一个积极因素,在墙上开洞窗、洞门是处理方法之一。洞门除可供人出入外,也是一副取景框。

设计要点如下。

① 洞门的形状有圆形、横长形、直长形、葫芦形、桃形、秋叶形、瓶形等。洞门的形式和比例与墙面及空间环境有关。

② 在分隔主要景区的园墙上常用简洁而直径较大的圆洞门和八角形洞门,便于人流通行。

③ 在廊和小庭院等小空间处所用的洞门,多采用尺寸较小的秋叶形,瓶形等轻巧玲珑的形式。

④ 洞门后也常置景石、植芭蕉、竹丛,构成小品画面,在江南古典园林中,洞门的边框常用青灰色方砖镶砌,刨出挺秀的线角,并打磨以使表面光滑。

⑤ 可适当运用联想、象征的手法,表现洞门的性格、特征,以营造气氛。

如一个好的洞门,当人们沿着游览路线走近它时,会感到这里"别有洞天"(见图6-23)。人们走进洞,感受到空间的变化,观赏到不同的景象,产生"步移景异"的感觉。洞门的设计中,还要充分利用门内小广场上的景观——雕塑、水池、喷泉、山石、花坛、树木,或照壁以及照壁上的图案、浮雕、壁画等,与洞门组成对景,有时也可利用

图 6-23  广州某小区中的门洞

借景。这样,当人们走入即会感到"触景生奇,含情多致,轻纱环碧,弱柳窥青,伟石迎人,别有一壶天地"。

(3)棋类小品

下棋是人们喜闻乐见的体育活动项目之一,也是具有广泛群众性的娱乐项目。近年来,许多环境设计工作者将这种活动项目以建筑小品的形式形象地表达了出来,不仅丰富了景观环境,而且增加了环境中的观赏性、趣味性以及参与性,并为游嬉者提供了视觉空间以外的更深一层的思维空间,提高了文化层次。

这类小品在环境中所表现出的功能不同,将它们区分成两类,一类可称之为"艺术棋",另一类则称之为"实战棋"。

"艺术棋"比较强调艺术造型和视觉感觉,以观赏、装饰、寓意或展示主题为目标,不一定要表达出完整的棋理棋道。如广州市越秀公园寓言园中的"举棋不定",它以雕塑人物,地面铺装棋盘,天然石棋台,石制棋子等构成,造型生动活泼,人物姿态谐趣,寓意深刻,艺术感染力很强,让人看了忍俊不禁。又如南海西樵山天湖公园内的"弈坛",平面构图是由五个演示不同棋类残局的圆形地台组成,其中,中心地台正中设有一主题雕塑,它的构造是通过中国象棋的"棋子"由小渐大,从低至高螺旋形叠加组合而成,最上面的棋子南面篆有"弈坛"两字点出主题,北面刻有"帅"字领导群"坛",整组雕塑造型优美,装饰性很强。

"实战棋"则多以摆设优秀的"残局"为主题,充分展示中国象棋变幻莫测的棋理,常常会让游嬉者为之左转右移,费尽脑汁(见图6-24)。但与此同时,"实战棋"也很注重其艺术形象的处理,制作的材料也是五花八门,丰富多彩,选用由人。例如,棋盘的制作可采用花岗岩、水磨石、洗石米等分色制成,也可只处理格线,而棋格处留空植草,或反之,棋格铺装,格线留空植草。如南海市某街头绿地,以"大地艺术"的形式处理整个残局,材料简单、效果不错。它的"棋盘"格线采用砌砖磨水,棋格留空铺大叶油草。"棋子"也是砌砖批荡而成,上面留凹字,填有色水泥成形,造价便宜,装饰效果也不错。还可当园凳供游人休息,功能比较完全。对比西樵山天湖公园内"弈坛"中的"象棋地坛",除了棋盘采用花岗岩分色拼贴,楚河汉界用雨花石塑造外,设计者对各种"棋子"进行了深入的艺术提炼和概括。经加工后,把它们制作成了形神兼备的石雕作品——"将"者志高气昂,"相"者曲身礼拜,"兵"者整装待发,左观楚马已就鞍,右看汉炮正装弹欲发。整个"战场"充满火药味,只等游嬉者挥令,"指点"厮杀。如果不想介入战事,亦可牵马伴帅,留影一幅,日后翻看定会别有一番滋味在心头。

"棋子"的艺术造型,除了可用石材塑造外,现在也有用铜片制的,如天津市某住宅小区内的一组残局小品,这种制作雕塑感较强,人物或动物的造型更为形象逼真,只是造价不菲。其实,在外来人员较少,且有物业管理的住宅小区,不妨试试用玻璃钢制作棋子。这样既可经得起风雨的洗礼,又可经常更换棋谱,增加趣味性和吸引力,甚至还可以让有兴趣的居民相互"厮杀",经过左搬右挪,不仅锻炼身体,又增进友谊,还学到了棋艺,一举三得。

图 6-24　株洲向阳广场各种棋类"残局"

　　围棋是中国人发明的、历史悠久的棋类,但由于战局复杂,在景观环境中比较难展示出来。如选用"开局"则棋子较少,胜负难下定论,如选"宫子"又棋子太多,难以制作。所以,如果要加以利用,一般只是简单的形象演示。比如,南海市体育小广场,以大地艺术的形式处理黑白棋子,自由放置,观感不错。另外,西樵山天湖公园"弈坛"中的"围棋地坛",其棋子采用云石加工而成,光泽照人,形象比较吸引人,该棋局采自于我国的一个古谱,但由于"高手"不多,游客中喜欢在棋子上来回跳跃的多过喜欢坐下来斟酌研究的。不过,由于形象的棋局以及棋坛边设立的专门说明牌,观者一般都会驻足浏览,对介绍和推广这一"国粹"无疑有很大的帮助。

　　总之,棋类小品在我们日常生活中,以其独特的艺术表现形式,为我们的环境增色不少,特别是对于老年人来说可以打发闲暇的时间。棋类小品在提供形式美的同时,又注入了无限的趣味性和一定的文化意念,值得探讨和利用。

## 6.5　现代景观建筑小品设计的新思路

　　现代景观建筑小品作为城市环境的独特组成部分,已成为城市环境不可缺少的整体化要素,它与建筑共同构筑了城市的形象,反映了城市的文化精神面貌,表现了城市的品质和性质,并与城市的社会环境、经济环境和文化环境都有着密切的联系。景观建筑小品的设计也从单体性设计转向更加注重与建筑、环境、自然融为一体的整体性设计,这不仅增强了景观建筑小品设计的实际意义,而且对城市规划与环境建设等发挥着越来越重要的作用。

　　由于现代景观建筑小品艺术品位的存在,环境空间被赋予了积极的内容和意义,使潜在的环境变成了有效的环境。因此,在加快城市建设,改善生活质量的同时,不断创造优质的建筑小品,不断提升其艺术设计品位,对丰富和提高环境空间的品质与内涵具有重要的意义。当前条件下,现代景观建筑小品既是社会文化的外在载体,也是文化的映射,是包含在文化形态中的环境空间景观,不能简单凭视觉去把握,而需用心去感受其内涵。所以,现代景观建筑小品的改善在注重"量"的增长的同时,更应注重"质"的提高,不断提升其文化内涵和艺术品位。它的设计应和时代发展相适应,在高技术、深情感的指导下,进行高品质、高层次的设计。

### 6.5.1 现代景观建筑小品设计中存在的不足现象

**1. 小品设计的缺陷与材质工艺的粗糙**

具体到小品的设计与制作,很多环境中的小品都属粗制滥造之物,没有文化内涵,不能表现出小品所蕴含的意境。这是小品的设计者在设计时没有考虑小品使用的环境,或者作者本身不具有对小品理解的内涵而强行设计,为小品制作而进行制作,这是对小品的曲解与不尊重。在制作工艺上,许多的小品远看则罢,近观则粗鄙不堪。建筑艺术小品,必须要独具创意和特色,切忌生搬硬套、千篇一律。近几年来,在我国,到处都在建欧陆式、日本式、韩国式,甚至罗马式等平面凉亭、抽象式花架、钢结构铁桥、钢架结构平台,十分庸俗,失去特色,也就失去艺术感染力,其对人们的吸引力大大降低。

**2. 小品与景观环境的不一致性**

小品是环境中的一部分,在整体景观的构成上要服从于景观的完整性,体现景观的和谐,小品的主旨与内容要符合该场所的主题。

**3. 主旨不协调**

小品用来反映该场所的主题,经常是作为景观中的点景与点题。现有很多的小品存在千篇一律、陈词滥调的现象,照搬别处的小品,没有自己的风格与理念,致使景观变得杂乱无章,游人对其印象大打折扣。

**4. 色彩不协调**

色彩是视觉效果中最明显、最引人注目的构成要素,一个好的景观环境,各构成要素必定在色彩的搭配上是和谐的,对人的视觉审美能够产生愉悦的体验。小品设计往往没有考虑色彩与周围环境的协调,其设计与环境的设计不是同步进行,在色彩的运用上脱离实际,造成与环境色彩的对立冲突,破坏了色彩的统一,在视觉上产生极为强烈的干扰作用,降低游人对景观的评价。

**5. 体量不协调**

说到"小",人们自然会联想的"巧""精"之类的词汇,在理论上也是符合思维情理的,小品的内涵就是语言简练、主题鲜明、雅俗共赏、通俗易懂,适合于大多数群体的文化习性,能直观的反映出小品的主题。部分的小品不考虑整体环境的协调,在体量上与周围环境不相容,造成对景观视觉的极大破坏。

### 6.5.2 设计原则

**1. 地域性原则**

现代景观建筑小品的设计和应用应当充分考虑到当地的气候条件与物质基础

在进行实地的调查分析的基础上进行小品的设计与制作,包括地理地貌、空间环境、制作材料和制作工艺等。在设计和应用小品时充分考虑到当地的各种环境与物质材料因素,能够极大地发挥出小品的含义与韵味,并能够降低生产和管理成本。

**2. 文化性原则**

现代景观建筑小品的设计与使用应当充分考虑所在地的风俗文化。小品作为人工化的产物,必然具有其社会文化属性,很多构思巧妙的小品雕塑往往成为城市或片区的标志物。现代景观建筑小品不仅延续着城市的历史,塑造着城市的景观,提升生活环境品质,而且还能展示城市景观特色及个性,体现城市文化氛围,反映城市居民的艺术品位和审美情趣。通过赋予小品丰富的文化内涵,能够提高人们识美、审美、赏美的能力,提升所在区域的文化素质。

**3. 景观协调性原则**

景观作为整体的审美对象,其包含的各要素在视觉外观、审美内涵上必须具有统一的、协调的联系。现代景观建筑小品作为环境中的人工构造物,更要遵循和服从这一原则。城市室外空间的组成要素之间处于相互依存的状态,每个景观都和其他所有的景观联系在一起,我们需要把该景观放在更大尺度的景观中加以考虑。对各种要素进行设计布局时,应当使其各种元素相互照应、相互协调,从而避免与环境的脱离,形成对景观的干扰因素。

环境是小品设计的总体依据,现代景观建筑在设计时即要先对环境进行考察,再行决定小品的设计、所要选取材料、最后的外观色彩等方面,这样才能保证设计好的小品与周围的环境融为一体,起锦上添花的作用,而不至成为视觉审美的干扰因素。一般在视点中心放置饰景性小品以烘托气氛,增强小品的感染力,但小品的设计不能突兀,否则会对景观造成极大的破坏,成为败笔;而服务性设施中的卫生设施宜设计得与环境能够相容,设置在不显眼处,本身的色彩、形状与周围的景观相协调,同时又要考虑到人们使用的便捷性。

以上的原则都是相互补充、相互依赖的,在进行小品的设计时,各种原则交互发生影响,在不同的地域环境里,其所蕴含的风情、民俗、文化等都有独特的面貌,相应的小品设计应该结合实际的情况进行综合考量。如在江南园林中多用竹,则园林中所用小品可采取用竹形态的各种设施来与园林本身景观进行协调,水旁的小品则宜用水生植物的形态来进行模拟。

现代景观建筑小品是景观环境的重要组成部分,其设计与使用的效果,直接影响到景观的和谐与统一,影响游人对景观的评价。现代景观建筑小品的设计与使用首先要满足人的行为和心理需要,这就要求不但从小品的功能性、单独的景观性去考虑,而且要与景观环境有机结合,才能实现艺术性与景观审美的结合,推动园林小品的创新与发展。

随着新技术和新材料的应用,现代景观建筑小品的设计也趋向于多样化、复杂化,产品的结构和形式都有了很大发展,但在实际的设计与应用中现代景观建筑小品的使用对整体景观并没有产生锦上添花的效果,反而造成了一定的视觉干扰,破坏了环境本身固有的和谐性、统一性,成为景观中的视觉障碍,为游人所反感,降低了审美的价值。场所建设水平的提高,不仅体现在建筑、叠山理水和植物种植设计上,所应用的各种小品也在细微的方面体现了现代景观设计的生态理念与人文精神。现代景观建筑的设计与应用将会成为景观设计中的一个重要方面。

### 6.5.3 现代景观建筑小品设计解析

**1. 误区解析**

① "小品"解析。"小品"一词源于佛经译本,指简略了的篇幅较少的经典,是相对"大品"而言,后被引用于文学。现代景观建筑小品虽非文学上的小品,但也有此内涵。现在的景观建筑小品借用文体"小品"之名,其含义是取其小而简之意。可以理解为城市空间景观氛围中的小型人工塑造,接近于西方的环境小品或环境艺术小品。

② "小品价值"解析。现代景观建筑小品应该是一件具有景观装饰功能和使用功能双重价值的环境艺术品,而不是放之四海而皆佳的商品。诚然,我们并不否定工业化生产给小品所带来的深远影响,但一味地堆砌模仿、生搬硬套,无论从材料质地,还是从形式、结构上都采用固定的工业化模式,这样制造的小品与当地气候、地理特征、人文环境显然是不协调的。同时从视觉景观上讲,也是一种破坏行为,违背了小品点景构图的初衷,形成不了一种美观感受。很多人都会有这样的印象,孩童时玩耍的儿童乐园入口的石头凳造型生动、有趣,不仅具有一定的实用价值,同时也迎合了儿童的心理特征,与周围的环境融为一体,成为该公园的一个有机组成部分。

③ 现代景观建筑小品应该是一件具有丰富情感价值和文化内涵的艺术品,而不是一件冷漠的摆设物。设计师可以通过暗示、比拟、象征、隐喻等手法,带给小品以灵性。很多人都看到过茵茵绿色草坪中,一片叶子形状的标志牌寓意深刻,令人不免赞叹设计者的灵感,不免感叹小品带给游人的一种不忍践踏草坪的无限遐想和精神感悟。

④ 现代景观建筑小品应该是一件具有一定生态功能的环境小品。随着城市化进程的加快,生态环境愈来愈受到广泛重视,对城市生态园林景观设计的要求也越来越高。现代景观建筑作为现代景观元素之一,对生态要求也越来越高。针对目前水景小品和植物小品具有调节小气候、降低污染等方面的功能,在城市景观建设中大量运用此类型的小品对解决污染问题是十分有益的。目前,具有生态价值的现代景观建筑正在被广泛地运用在城市景观中,营建丰富的城市景观环境,创造良好的生态效益。

**2. "小品构图"设计解析**

① 现代景观建筑功能与比例、尺度的结合。小品正是以其投资少、见效快、占地面积少、灵活多变等优势得以在景观设计中迅速发展。前文已解析了现代景观建筑小品"之小"含义,但从构图的角度出发,在一定的环境条件下,其功能决定了其比例

尺度。因为即使尺度再完善的小品,如果让使用者可望而不可即,也只能成为一件摆设品。即使是一张方凳,因为有不同的使用功能,包括短暂休息(站台边)、休闲性休息(公园内),其比例和尺度也是不同的。前者的尺度要小于后者。

② 现代景观建筑形式与内容的结合。内容与形式是相辅相成的,再好的内容也必须由合适的形式来表达,孤立地追求单方面是不会起到良好的作用的。有些设计师盲目追求题材内容的新颖、别致,因而与形式脱节,成为构图中的败笔。相反,具有典型题材的现代景观建筑,进行一定的艺术形式加工处理,却会带来意想不到的效果。如滑雪场入口小品在内容上与滑雪场场所空间完美结合,在形式上犹如积雪的山峰,景观构图设计惟妙惟肖。

### 6.5.4 提升现代景观建筑小品艺术品位的创作思路

**1. 实现艺术美,满足文化认同**

现代景观建筑小品是一种艺术,通过其外部表现形式和内涵来体现其艺术的魅力。现代景观建筑小品的艺术美是人们的审美需求在城市公共空间中的体现。要实现建筑小品的艺术美,须通过对现代景观建筑小品整体和局部的形态进行合理组构,使其具有良好的比例和造型,并充分考虑到材料、色彩的美感,考虑建造技术中的各种技术问题,从而形成内容健康、形式完美的环境小品。

现代景观建筑小品不仅仅具有艺术性问题,而且还应有着文化内涵的考虑。通过现代景观建筑小品可以反映出它所处的时代精神面貌,反映和体现特定的城市、特定历史时期的文化传统积淀。现代景观建筑小品既表达自身的文化形态,又比较完整地反射出人类的社会文化。为了能适应广泛的社会文化需求,现代景观建筑小品必须反映时代的、地域的、民族的、大众的文化特征。所以,现代景观建筑小品的设计,要运用新的设计思想和理论,利用新材料、新技术、新工艺和新的艺术手法,反映时代水平,满足文化的认同,使现代景观建筑小品真正成为创造历史文化的媒体。

**2. 力求与环境的有机结合**

现代景观建筑小品是寓于城市环境中的艺术,现代景观建筑小品与外部环境之间有着极为密切的依存关系。单纯追求现代景观建筑小品单体的完美是不够的,还要充分考虑现代景观建筑小品与环境的融合关系。现代景观建筑小品的空间尺度和形象、材料、色彩等的因素应与周围环境相协调,现代景观建筑小品的外部环境包括有形环境和无形环境。有形环境包括绿化、水体等自然环境和庭院、建筑等人工环境。无形环境主要指人文环境,包括历史和社会因素,如政治、文化、传统等。这些环境对现代景观建筑小品的影响非常大,是小品设计时要认真考虑的因素。

现代景观建筑小品的设计要把客观存在的"境"和主观构思的"意"相结合。一方面分析环境对现代景观建筑小品可能产生的影响,另一方面要分析和设想现代景观建筑小品在城市人工环境和自然环境中的特点和效果,确立整体的环境观,因地制宜地设计建筑小品,才能真正实现环境空间的再创造。

现代景观建筑小品给人以亲切感和认同感,使我们的城市充满情感和生机,同时,现代景观建筑小品是一种标志,一种展示城市品位和舒适环境的标志。通过对城市广场中现代景观建筑小品艺术品位的认知与研究,我们了解了它的特征,分析了它在空间中的意义以及价值体现。现代景观建筑小品设计品位的高低,将在较大程度上影响一个城市的文化品位,而它所体现的文化内涵,也将日益受到人们的共同关注。

### 6.5.5 与环境协调的现代景观建筑小品设计

**1. 构思与布局**

凡成功的小品,无不是构思新巧、别开生面,深刻而准确地表达了设计的寓意。同一寓意,在不同环境空间其造型各异。不同形态、不同布局、不同色彩、不同尺度及光影变化,均可达到同一寓意之目的。因此,构思小品时应该充分考虑其布局需要,采用最符合设计需求的风格和样式。

**2. 虚实关系的协调**

方与圆、刚与柔、虚与实、阴与阳相对相辅,从而发挥了最高的创造功能。虚与实在艺术表现中很重要,在现代景观建筑小品设计中巧妙地运用,会产生很好的视觉效果。如由马丁·皮耶尔设计的两座高耸的不锈钢码头柱台,一座为螺旋形,另一座则是由一系列楔子形结构叠成的,柱台设计简洁、精致、均衡。一圆一方、一虚一实,与纽约的自由女神像遥相呼应,螺旋形的照明源于内部,楔子形照明来自底部,融入了景观身份和界标等综合因素。

**3. 均衡与对称**

被古代中国人认为宇宙组成的五大要素:金、木、水、火、土,其字形基本是左右对称、上大下小的,而在西方"对称"一词与"美丽"同义。构图上的不稳定常常让欣赏者感到不平衡。当构图在平面上取得了平衡,我们称之为均衡。对称是指图形或物体相对的两边各部分,在大小形状、距离和排列等方面一一相当,构图上一一对应。这两者在环境设计中广泛应用。在环境设计中,为了达到均衡,可对建筑小品的体量、色彩、质感等进行处理,使其在视觉关系上舒适、美观。

**4. 尺度与比例**

尺度是使一个特定的物体与环境呈现一定比例关系的一种特性,是人们经验的对比和心里的度量。景观环境中的设施设计,在比例与尺度方面尤为重要。现代景观建筑自身与环境、建筑等的比例会直接影响到小品的景观价值。如在小空间内放置一个大体量的小品,会使整个空间显得狭小紧张;反之,在大空间放置小物体会让人觉得萧落与平淡。

**5. 色彩与光影**

色彩与光影是营造气氛所必需的。色彩的应用,往往受到社会和人们的精神状态及心理活动的影响。在环境中,小品设计采用的色彩与周围环境的协调与否,会给人们带来不同的感受。在绿色的草坪上放置色彩鲜艳的雕塑,会给人带来醒目清晰的感觉,如放置色彩暗淡的雕塑会给人带来厚重、质朴的感觉。运用色彩时,要注意暖色具有扩张感和动感,冷色具有收缩感和静感。

光是环境中小品的生命。每年、每季、每时的光线变化都不同,光源是太阳、月亮或灯光。在小品设计中,照射在小品上的光源会使小品在形象与体积上发生变化。因此,在小品设计中要结合周围环境的采光度、光源方向等因素,创造出丰富的时相、季相变化。

**6. 变化与统一**

变化包括风格与特色,不同风格的小品产生不同的视觉效果,能极大丰富景观内容。在现代景观建筑小品设计中,小品自身各部分体形、体量、色彩、线条、风格应具有一定程度的相似或一致性,给人以统一感,而其在环境设计当中,要与周围环境在变化中寻求统一。如在进行地面铺装时,要结合周围环境和建筑风格来确定地面艺术铺装的图形、图案和色彩,使其与周围环境统一。

### 6.5.6 现代景观建筑小品设计的构思技巧

现代景观建筑小品与普通民用建筑中的其他建筑创作不同之处在于,其构思出发点较多。由于功能上限制较小,有的几乎没有功能要求,因而在造型立意、材质色彩运用上都更加灵活和自由。从众多设计实例方案中,分析归纳出以下两种构思技巧和思维方式。

**1. 原型思维法**

众所周知,创造性的构思,常常来自于瞬间的灵感,而灵感的产生又是因为某种现象或事物的刺激。这些激发构思灵感的事物或现象,在心理学上称之为"原型"。原型之所以具有启发作用,关键在于原型与所构思创作的问题之间有某些或显或隐的共同点或相似点;设计者在高速的创作思维运转中,看到或联想到某个原型,而得到一些对构思有用的特性,而出现了"启发"。古今中外,无论大小的成功建筑都受到了"原型"的影响和启发。如柯布西埃设计的朗香教堂,就受到了岸边海螺造型的启示;贝聿铭设计的香港中银大厦,构思的关键就是来自于中国古老格言"芝麻开花节节高"的启发(见图 6-25)。

原型思维法从思维方式来看,是属于形象思维和创造思维的结合。对于建筑小品而言,是具象思维(具体事物和实在形象)和抽象思维(话语或现象的感知)转化为创作的素材和灵感,再通过创造性思维,在发散性和收敛性思维的作用下,导致不同方案的产生。在这过程中,原型始终是占据创作思维的核心地位。

**2. 环境启迪法**

在现代景观建筑小品创作中,许多方面的因素都会直接或间接地影响到建筑本身的体态和表情。从环境艺术设计及艺术原理来看,小品建筑所处的环境是千差万别的,作为环境艺术这个大系统下的"建筑",它的体态和表情自然要与特定的环境发生关系。我们的任务就是要在它们之间去发现具有审美意义的内在联系,并将这种内在联系转化为现代景观建筑的体系或表情的外显艺术特征。

因此,环境启迪就是将基地环境的特征加以归纳总结,加以形象思维处理,形成创作启发,从而通过创造性思维发散,而创造出与环境相协调共生的小品建筑。

图 6-25　中银大厦

## 6.5.7　设计手法探讨及实例分析

**1. 雕塑化处理**

这种手法是借鉴雕塑专业的设计方法,其设计出发点是将现代景观建筑小品视为一件雕塑品来处理,具有合适的尺度和部分使用上的要求,力争做到建筑小品和雕塑一体化。这是原型思维的一种表现。在某森林公园厕所的设计中,设计者根据当地出产红色岩石的特点(环境启迪),以雕塑化手法设计,模仿山石的自然组合形态,形成古朴自然的独特建筑形象(见图 6-26)。在彭一刚先生的作品中这类手法也较常见,如甲午海战馆入口大门和鱼美人音乐宫入口处理等。

图 6-26　某公园厕所造型

### 2. 植物化生态处理

此手法的目的是为达到与自然相融合，使现代景观建筑小品有"融入自然的体态和表情"。具体做法是在造型处理中，引入植物种植，如攀缘植物、覆土植物等。通过构架和构造上的处理，在现代景观建筑小品覆盖或点缀绿色植物，从而达到构筑物藏而不露，适用于要求与自然相协调的环境。

如在某森林公园花架的设计中，采用了这一手法，创造出生态花架的品位（见图6-27）。又如布正伟先生创作的"苏州未来农业大世界"小陈列馆，展出主题为澳洲美利奴羊，由于应甲方要求在建筑物上耸立一座雕塑，因而从构思一开始，他就有意将该陈列馆想象成为一个长满青草的绿色土丘，通过这一手法的运用，不仅这种陈列馆与总体大环境相协调，而且更具吸引力。

图6-27 某公园生态花架

### 3. 仿生学手法运用

仿生，即在设计中模仿自然界的生物造型（原型），包括动物、植物的形态。达到"虽由人做，宛若天成"的境界。

在某旅游度假村的规划设计中，设计者布置一些生趣盎然的仿生小品，将其造型特点与所处环境相结合，如池中戏水的天鹅、湖边的朽木和小舟、儿童活动区的各式蔬菜水果则如自然生长于土中，栩栩如生、自然成趣（见图6-28）。

图6-28 某公园仿生雕塑

**4. 虚实倒置法**

通过对常用形式的研究和观察（原型思维），进而在环境的启发下运用之，以收到出人意料之外的强烈对比效果。

贝聿铭在巴黎卢浮宫扩建工程的地下入口，采用一简洁的玻璃金字塔，通过与卢浮宫的石砌埃及式建筑的厚重风格形成强烈虚实对比，而取得统一协调。

**5. 延伸寓意法**

该手法是在一般想象力上升到创造想象后，对一些有深刻意义的事物或词句（原型思维）加以创造想象和升华，将其意义溶到建筑小品创作中，往往使人对其产生无限的遐想，具有令人回味无穷的魅力。

例如，某"高校校庆纪念碑"设计竞赛的创作现象十分耐人寻味，它超越了一般碑的形象概念，立意引用"十年树木，百年树人"的成语，在校园内一片树林中以若干铭刻建校以来的业绩的树桩作为纪念碑，寓意树木已成材，其根仍在校，周围又有新的树在成长。这就把校庆纪念的主题卓有见地地提到一个很高水准。无独有偶，在同济大学九十周年校庆纪念园设计方案中，将年轮作为设计立意，以年轮象征同济大学90年的历程，整个园区似一棵树的平面，体现教育"十年树木，百年树人"的深刻含义，中心以同济校徽为截面的设计，点明主题。

上述讨论的现代景观建筑小品的构思技巧及设计手法，也无外乎是设计者要做到的"想法"和"手法"的问题。有一定好的想法，再通过纯熟的手法解决任务提出的问题，可以算好的设计。而且，在现代设计理论和流派层出不穷的情况下，我们更应重视现代景观建筑小品的设计和创作，为整体协调、环境创造增添光彩。

## 6.6 现代景观建筑小品设计的成果事例

现代景观建筑小品设计的成果事例见附录 G。

## 6.7 课题设计

**【本章要点】**

6.1 了解景观建筑小品的特点及分类。

6.2 掌握各大类景观建筑小品的设计要点。

6.3 能应用第五节的景观建筑小品设计新思路，设计出别出心裁的新型景观建筑小品。

6.4 本章建议 20 学时。

**【思考和练习】**

6.1 题目：景观建筑小品设计（场地不限）。

6.2 设计任务与要求:

6.2.1 在深入调研分析设计对象,真正理解把握设计对象功能需求及使用者行为特点的前提下进行方案构思;

6.2.2 该设计可以具有一定程度的前瞻意识,可以对建筑小品的材料、技术、形式乃至思想观念、生活方式进行一定的展望;

6.2.3 该设计要求把方案的立意构思作为设计的核心任务,并追求非一般化的立意构思。

6.3 作业成果要求:

6.3.1 对场地进行合理有序的划分,确立"空间为人所用"的思想,考虑人的行为,结合人体尺度,注意空间建立的可行性、合理性与安全性,还应注意满足人追求美的精神需求,创造优美的空间形态;

6.3.2 场地总平面图;

6.3.3 景观建筑小品单体的平、立面,剖面(根据设计选取能反映设计的剖面)、透视图或轴测图;

6.3.4 平、立、剖面上要求标注控制性尺寸,并标注主体材料及色彩,根据所设计的建筑单体确定比例,以上均以能清晰反映设计意图为准。

# 参 考 文 献

[1] 许浩.城市景观规划设计理论与技法[M].北京:中国建筑工业出版社,2006.
[2] 俞孔坚,李迪华.景观设计:专业学科与教育[M].北京:中国建筑工业出版社,2003.
[3] 王向荣,林菁.西方现代景观设计的理论与实践[M].北京:中国建筑工业出版社,2001.
[4] 冎智强.景观设计概论[M].北京:中国轻工业出版社,2006.
[5] 唐军.追问百年——西方景观建筑学的价值批判[M].南京:东南大学出版社,2004.
[6] 魏婷.城市微观环境设计[M].重庆:西南师范大学出版社,2005.
[7] 王蔚.不同自然观下的建筑场所艺术——中西传统建筑文化比较[M].天津:天津大学出版社,2003.
[8] 齐康.风景环境与建筑[M].南京:东南大学出版社,1989.
[9] 龚立君.城市景观设计教程[M].北京:中国建筑工业出版社,2007.
[10] 冯钟平.中国园林建筑[M].北京:清华大学出版社,1989.
[11] 李梦玲,贾银镯,任康丽.景观艺术设计[M].武汉:华中科技大学出版社,2005.
[12] 林辉,王向阳,宋柑霖,等.环境空间设计艺术[M].武汉:武汉理工大学出版社,2004.
[13] 彭一刚.中国古典园林分析[M].北京:中国建筑工业出版社,1999.
[14] 吴良铺.建筑学的未来:世纪之交的凝思[M].北京:清华大学出版社,1999.
[15] 舒湘鄂.景观设计[M].南京:东南大学出版社,2006.
[16] 顾小玲.景观设计艺术[M].南京:东南大学出版社,2004.
[17] 尚金凯,张大为,李捷.景观环境设计[M].北京:化学工业出版社,2007.
[18] 张美利,黄文暄.景观设计[M].合肥:合肥工业大学出版社,2007.
[19] (西班牙)Francisco Asensio Cerver.建筑与环境设计[M].盛梅,译.天津:天津大学出版社,2003.
[20] 王蔚.不同自然观下的建筑场所艺术——中西传统建筑文化比较[M].天津:天津大学出版社,2003.
[21] 齐康.风景环境与建筑[M].南京:东南大学出版社,1989.

[22] 冯钟平. 中国园林建筑[M]. 北京:清华大学出版社,1989.
[23] 杜汝俭. 园林建筑设计[M]. 北京:中国建筑工业出版社,1986.
[24] 王晓俊. 风景园林设计增订本[M]. 南京:江苏科学技术出版社,2001.
[25] 许浩. 城市景观规划设计理论与技法[M]. 北京:中国建筑工业出版社,2006.
[26] 刘福智,等. 风景园林建筑设计指导[M]. 北京:机械工业出版社,2007.
[27] 张绮曼,郑曙旸. 室内设计资料集[M]. 北京:中国建筑工业出版社,2004.
[28] 李坚,梁东平,张鑫林. 房屋建筑制图标准应用手册[M]. 北京:水利水电出版社,2005.
[29] 梁展翔,金琳. 室内设计[M]. 上海:上海人民美术出版社,2004.
[30] 王受之. 世界现代建筑史[M]. 北京:中国建筑工业出版社,1997.
[31] 吕琦. 建筑与景观的设计表达——麦克笔手绘技法与实例[M]. 北京:中国计划出版社,2005.
[32] 天津大学建筑学院. 城市环境设计[M]. 辽宁:辽宁科学技术出版社,2006.
[33] 中国建筑装饰协会. 中国建筑装饰装修[J]. 2006(1)-2006(2). 北京:中国建筑装饰装修杂志社,2006.
[34] (英)尼古拉·加莫里. 景观建筑师实务指南[M]. 北京:中国建筑工业出版社,2005.
[35] (美)尼尔·科克伍德. 景观建筑细部艺术[M]. 北京:中国建筑工业出版社,2005.
[36] (美)罗布·W·素温斯基. 砖砌的景观[M]. 北京:中国建筑工业出版社,2005.
[37] 洪得娟. 景观建筑[M]. 上海:同济大学出版社,1999.
[38] 胡兴福. 建筑结构[M]. 北京:中国建筑工业出版社,2003.
[39] 向仕龙,等. 装饰材料的环境设计与应用[M]. 北京:中国建材出版社,2005.
[40] 詹旭军,等. 材料与构造[M]. 北京:中国建材出版社,2006.
[41] 刘福志,等. 风景园林建筑设计指导[M]. 北京:机械工业出版社,2007.
[42] 杨检. 公园大门设计中的环境意念[J]. 中外建筑,2000(4).
[43] 丁格菲,阎广君,魏治平. 对建筑与环境的新探索[J]. 低温建筑技术,2005(6).
[44] 张玉英. 建筑构思与环境[J]. 低温建筑技术,2000(2).
[45] 劳诚. 景观建筑创作漫笔[J]. 安徽建筑,2000(2).
[46] 李健. 浅谈中国园林中的景观建筑[J]. 广东园林,2006(2).
[47] 谢兆农. 浅析花架在园林造景中的应用[J]. 闽西职业大学学报,2002(6).
[48] 彭一刚. 中国古典园林分析[M]. 北京:中国建筑工业出版社,1999.

[49] 陈飞平.浅谈中国园林中廊的设计[J].现代园林,2006(2).

[50] 冯钟平.中国园林建筑[M].北京:清华大学出版社,1989.

[51] 熊明文.再议建筑的原创性[J].建筑创作,2006(3).

[52] 林振德.论雕塑在公共艺术中的语言形式[J].雕塑,2001(增刊).

[53] 季红.对装饰性浮雕艺术创作的思索[J].美术大观,2005(12).

[54] 乔峰,孙艳.浅析环境小品的艺术设计品位[J].乌鲁木齐职业大学学报,2006(12).

[55] 张伟海.浅议棋类园林小品[J].广东园林,1999(2).

[56] 雷诚,陈红艳.浅议小品建筑构思技巧和设计手法[J].四川建筑,2005(4).

[57] 林志保,黄森木.认识园林景窗[J].农业科技与信息(现代园林),2006(10).

[58] 孙春梅,梁霞.试论园林建筑小品[J].黑河科技,2001(1).

[59] 章怡维.园林栏杆[J].花园与设计,2002(8).

[60] 李会芹,王炽文.园林建筑小品的种类及其在园林中的用途[J].农业科技与信息(现代园林),2007(6).

[61] 袁明霞,唐菲.园林小品建设中的误区及发展趋势[J].安徽农业科学,2006,34(16).

[62] 曹宁,刘怡,胡海燕.园林小品与环境的设计[J].安徽农业科学,2007,35(3).

[63] 陈挺.园林中的无障碍设计探讨[J].中国园林,2003(3).

[64] [美]伊丽莎白·巴洛·罗杰斯.世界景观设计——文化与建筑的历史[M].韩炳越,曹娟,等,译.北京:中国林业出版社,2005.

[65] 张祖刚.世界园林发展概论——走向自然的世界园林史图说[M].北京:中国建筑工业出版社,2003.

[66] 齐伟民.人工环境设计史纲[M].北京:中国建筑工业出版社,2007.

[67] 呙智强.景观设计概论[M].北京:中国轻工业出版社,2006.

# 附 录

## 附录A 现代景观建筑设计成果事例一

古罗马的哈德良行宫

罗斯福总统纪念园瀑布

美国瑙姆科吉庄园中"蓝色的阶梯"

格罗皮乌斯和梅耶共同设计的德国法古斯工厂

罗马圣保罗教堂以柱廊环绕的中庭

英国伦敦芬斯伯里林荫广场灯光照明

钱伯斯设计的丘园中的中国塔

古罗马哈德里安庄园

勒·柯布西耶设计的马赛公寓

罗斯福总统纪念园

日本金阁寺

日本大仙院枯山水

留园单面廊

皖南民居宏村中的桥

古希腊的建筑——阿波罗神庙

大理三塔

苏州沧浪亭

苏州网师园

罗斯福总统纪念园水景

庞贝城的洛瑞阿斯·蒂伯廷那斯住宅园

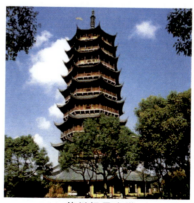
苏州报恩寺塔

## 附录B 现代景观建筑设计成果事例二

米洛广场的小广场采用了儿童群雕形式的门

充满动感的游乐设施

上海新天地商业街

英国詹克斯设计的"波动的景观"中的桥

法国巴黎旺多姆广场上的纪念柱

纽约亚克博·亚维茨广场

纽约亚克博·亚维茨广场鸟瞰

日本爱知县都市绿洲的地上公园

中山岐江公园美术馆

中山岐江公园景观"万杆柱阵"

现代钢结构景观

威尼斯的城市景观

奥地利的迈克勒广场

纽约亚克博·亚维茨广场

英国詹克斯设计的"波动的景观"中波动的地形

德国慕尼黑奥林匹克公园

## 附录C  现代景观建筑设计成果事例三

北京西苑（今北海部分）——琼岛白塔全景

苏州沧浪亭中的"崇阜广水"

德国慕尼黑奥林匹克生态公园

沃-勒-维贡特府邸花园的王冠喷泉水池主建筑

维也纳建筑景观

日本"六本木新城"的街区空间

苏州报恩寺塔

法国凡尔赛宫

奥地利维也纳美泉宫

古埃及的阿蒙神庙外观

拉萨布达拉宫

梵蒂冈

得州水园中的水池

日本金阁寺

# 附录D  现代景观建筑设计成果事例四

公园广场

房屋

码头

步行街道

街道

老街道

城市小广场

学校

城市小区鸟瞰图

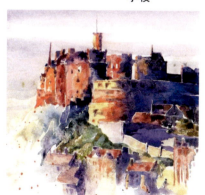
水彩建筑写生

步行街道

水体表现图

水彩乡间别墅

# 附录E  现代景观建筑设计成果事例五

防腐木材桌椅

防腐木材餐桌

景观长廊

膜结构Ⅰ

膜结构Ⅱ

木质凉亭

膜结构Ⅲ

木榫结构花架

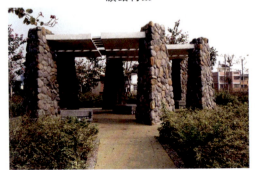
石材的巧用

现代膜结构

玻璃标志

彩色压花地坪

陶瓷制品

塑木凉亭

砂岩凉亭

# 附录F 实用性现代景观建筑设计成果事例

长沙某小区的膜亭

广州南沙黄山鲁森林公园内的洗手间设计效果图

东莞虎英公园中的愿亭

东莞某小区的园亭

东莞中心广场花架

佛山梁园中的亭桥

珠海某小区大门

上海泾南公园内的茶室

上海塘桥公园内的咖啡馆

中山歧江公园中的景桥

东莞中心广场的景桥

广州某小区中的木质花架

中山逸仙湖公园大门

佛山千灯湖中长廊

怀化太平溪长廊

街头树亭

荔枝湾的廊桥

亚龙湾度假酒店中的休息亭

云台花园中的特色花架

云台花园中的特色景门

云台花园中具有浓郁的地域特色景观建筑

# 附录G  现代景观建筑小品设计成果事例

广州云台花园内的堆山

广州某小区施工中的假山

深圳某社区内的情景雕塑

深圳世博园"福园"中的点题小品

东莞虎英公园中指示牌

东莞某小区内的园灯

长沙某小区的人造假山

长沙某小区无障碍坡道

深圳世博园草地上的音箱设备

深圳世博园内反映"湖湘文化"的小品

东莞中心广场特色灯具

深圳世博园内的垃圾桶

广州某小区绿地中的特色小品

广州某小区中的趣味雕塑

中山某公园中的园灯

广州某小区景墙上的仿木浮雕

烘托节日气氛的景墙

广州大学城博物馆内的假山

广州某小区地面上的浮雕

广州某小区入口的景墙

广州某高校中庭的艺术小品

广州某高校中庭——镌刻在铺砖中的书法艺术

东莞某小区售楼部门前的小品

荔枝湾的特色介绍牌